ローマ字・かな対応

本書では、ローマ字入力で解説を行っています。ローマ字入力が
わからなくなったときは、こちらの対応表を参考にしてください。

※Microsoft IME の代表的な入力方法です。

あ行	あ	い	う	え	お
	A	I	U	E	O
	ぁ	ぃ	ぅ	ぇ	ぉ
	LA	LI	LU	LE	LO
	うぁ	うぃ		うぇ	うぉ
	WHA	WHI		WHE	WHO

か行	か	き	く	け	こ
	KA	KI	KU	KE	KO
	が	ぎ	ぐ	げ	ご
	GA	GI	GU	GE	GO
	きゃ	きぃ	きゅ	きぇ	きょ
	KYA	KYI	KYU	KYE	KYO
	ぎゃ	ぎぃ	ぎゅ	ぎぇ	ぎょ
	GYA	GYI	GYU	GYE	GYO

さ行	さ	し	す	せ	そ
	SA	SI	SU	SE	SO
	ざ	じ	ず	ぜ	ぞ
	ZA	ZI	ZU	ZE	ZO
	しゃ	しぃ	しゅ	しぇ	しょ
	SYA	SYI	SYU	SYE	SYO
	じゃ	じぃ	じゅ	じぇ	じょ
	JYA	JYI	JYU	JYE	JYO

た行	た	ち	つ	て	と
	TA	TI	TU	TE	TO
	だ	ぢ	づ	で	ど
	DA	DI	DU	DE	DO
	てゃ	てぃ	てゅ	てぇ	てょ
	THA	THI	THU	THE	THO
	でゃ	でぃ	でゅ	でぇ	でょ
	DHA	DHI	DHU	DHE	DHO
	ちゃ	ちぃ	ちゅ	ちぇ	ちょ
	TYA	TYI	TYU	TYE	TYO
	ぢゃ	ぢぃ	ぢゅ	ぢぇ	ぢょ
	DYA	DYI	DYU	DYE	DYO
			っ		
			LTU		

な行	な	に	ぬ	ね	の
	NA	NI	NU	NE	NO
	にゃ	にぃ	にゅ	にぇ	にょ
	NYA	NYI	NYU	NYE	NYO

は行	は	ひ	ふ	へ	ほ
	HA	HI	HU	HE	HO
	ば	び	ぶ	べ	ぼ
	BA	BI	BU	BE	BO
	ぱ	ぴ	ぷ	ぺ	ぽ
	PA	PI	PU	PE	PO
	ひゃ	ひぃ	ひゅ	ひぇ	ひょ
	HYA	HYI	HYU	HYE	HYO
	びゃ	びぃ	びゅ	びぇ	びょ
	BYA	BYI	BYU	BYE	BYO
	ぴゃ	ぴぃ	ぴゅ	ぴぇ	ぴょ
	PYA	PYI	PYU	PYE	PYO
	ふぁ	ふぃ		ふぇ	ふぉ
	FA	FI		FE	FO

ま行	ま	み	む	め	も
	MA	MI	MU	ME	MO
	みゃ	みぃ	みゅ	みぇ	みょ
	MYA	MYI	MYU	MYE	MYO

や行	や		ゆ		よ
	YA		YU		YO
	ゃ		ゅ		ょ
	LYA		LYU		LYO

ら行	ら	り	る	れ	ろ
	RA	RI	RU	RE	RO
	りゃ	りぃ	りゅ	りぇ	りょ
	RYA	RYI	RYU	RYE	RYO

わ行	わ		を		ん
	WA		WO		NN

おすすめショートカットキー

ショートカットキーとは、そのキーを押すことで、マウスを動かすことなくパソコンの操作を行うことのできるキーです。覚えておくと操作が早くなるので便利です。「⊞ + ↑」と書いてある場合は、⊞キーを押したままの状態で、↑キーを押します。

デスクトップ画面で使えるショートカットキー

- ⊞ ― スタートメニュー（スタート画面）の表示・非表示を切り替えます。
- ⊞ + ↑ ― デスクトップ画面のウィンドウを最大化します。
- ⊞ + ↓ ― デスクトップ画面のウィンドウを最小化します。
- ⊞ + D（し） ― デスクトップ画面の表示・非表示を切り替えます。
- ⊞ + I（に） ― 設定画面を表示します。
- ⊞ + Q（た） ― 検索画面を表示します。
- Alt + Tab ― デスクトップ画面で使っているウィンドウを切り替えます。
- Alt + F4 ― ウィンドウを閉じます。

多くのアプリケーションで共通に使えるショートカットキー

- Ctrl + C（そ） ― 選択したものをコピーします。
- Ctrl + X（さ） ― 選択したものを切り取ります。
- Ctrl + V（ひ） ― 直前にコピーまたは切り取ったものを貼り付けます。
- Ctrl + S（と） ― ファイルを上書き保存します。
- Ctrl + P（せ） ― 印刷画面を表示します。
- Ctrl + Z（っ つ） ― 直前に行った操作を取り消します。
- Ctrl + N（み） ― 新しいファイルを開きます。
- F12 ― ファイルに名前を付けて保存します。

大きな字でわかりやすい ワード2019入門

AYURA：著

技術評論社

本書の使い方

本書の各セクションでは、手順の番号を追うだけで、ワードの各機能の使い方がわかるようになっています。

このセクションで使用する基本操作の参照先を示しています

基本操作を赤字で示しています

上から順番に読んでいくと、操作ができるようになっています。解説を一切省略していないので、迷うことがありません!

操作の補足説明を示しています

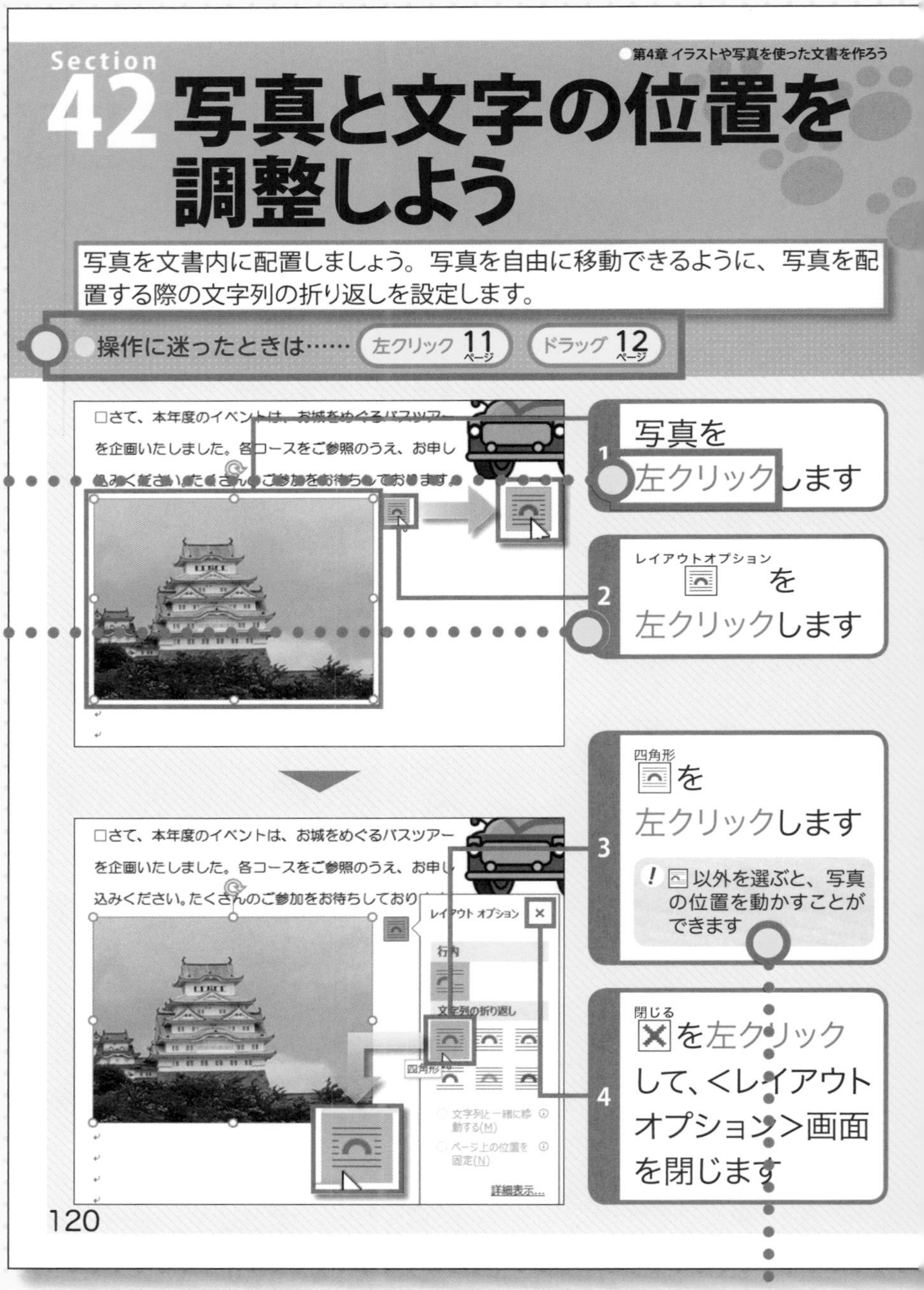

第4章 イラストや写真を使った文書を作ろう

Section 42 写真と文字の位置を調整しよう

写真を文書内に配置しましょう。写真を自由に移動できるように、写真を配置する際の文字列の折り返しを設定します。

操作に迷ったときは…… 左クリック 11ページ ドラッグ 12ページ

□さて、本年度のイベントは、お城をめぐるバスツアーを企画いたしました。各コースをご参照のうえ、お申し込みください。たくさんのご参加をお待ちしております。

1 写真を左クリックします

2 レイアウトオプション を左クリックします

3 四角形 を左クリックします

! 以外を選ぶと、写真の位置を動かすことができます

4 閉じる を左クリックして、<レイアウトオプション>画面を閉じます

120

文書のサンプルファイルをダウンロードすることができます。ブラウザーに次のURLを入力して、表示された画面の指示に従ってください

https://gihyo.jp/book/2020/978-4-297-11139-7/support

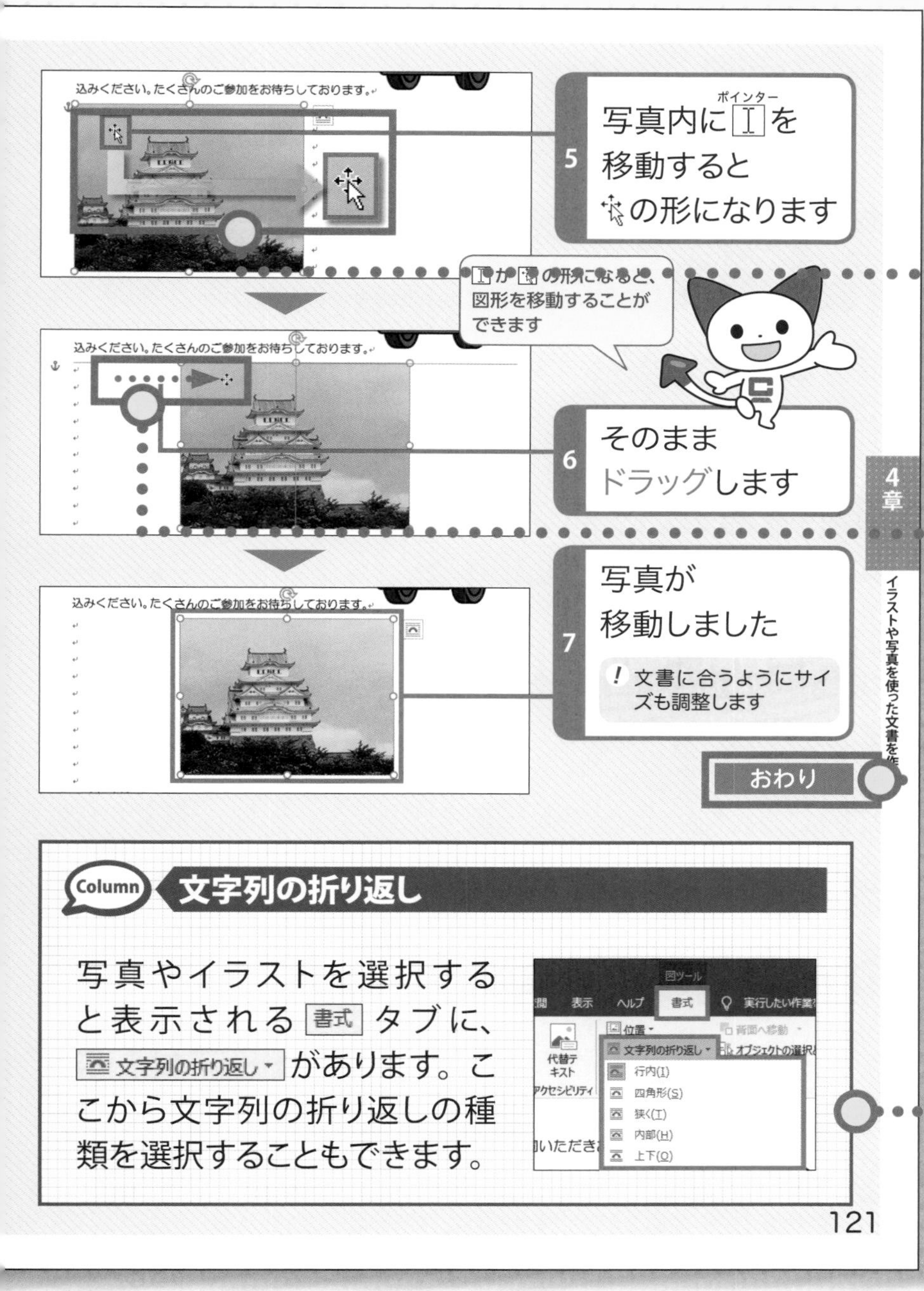

込みください。たくさんのご参加をお待ちしております。
5
ポインター
写真内に を
移動すると
の形になります
が の形になると、図形を移動することができます
6
そのまま
ドラッグします
4章
イラストや写真を使った文書を作
7
写真が
移動しました
文書に合うようにサイズも調整します
おわり
Column 文字列の折り返し
写真やイラストを選択すると表示される 書式 タブに、 文字列の折り返し があります。ここから文字列の折り返しの種類を選択することもできます。
図ツール
表示
ヘルプ
書式
実行したい作業
位置
背面へ移動
代替テキスト
文字列の折り返し
オブジェクトの選択
アクセシビリティ
行内(I)
四角形(S)
狭く(T)
内部(H)
上下(O)
121

小さくて見えにくい部分は、➡を使って拡大して表示しています

ドラッグする部分は、••••▶で示しています

ほとんどのセクションは、2ページでスッキリと終わります

操作の補足や参考情報として、コラム（Column、解説）を掲載しています

大きな字でわかりやすい ワード2019入門

ご注意：ご購入・ご利用の前に必ずお読みください

- 本書は、Word 2019を対象にしています。
- 本書では、OSにWindows 10を使って解説しています。その他のOSでは、画面や機能が異なる場合があります。
- 本書に記載された内容は、情報の提供のみを目的としています。したがって、本書を用いた運用は、必ずお客様自身の責任と判断によって行ってください。これらの情報の運用の結果について、技術評論社はいかなる責任も負いません。
- ソフトウェアに関する記述は、特に断りのない限り、2019年12月現在での最新バージョンをもとにしています。ソフトウェアはバージョンアップされる場合があり、本書での説明とは機能内容や画面図などが異なってしまうこともあり得ます。あらかじめご了承ください。

以上の注意事項をご承諾いただいた上で、本書をご利用願います。これらの注意事項をお読みいただかずに、お問い合わせいただいても、技術評論社は対応しかねます。あらかじめご承知おきください。

マウスを持ってみよう

パソコンを操作するには、マウスを使います。マウスのしくみや正しい持ち方をきちんと覚えましょう。ノートパソコンの場合も、マウスをつないで使うことができます。

解説

マウスのしくみ

マウスには、左右2つのボタンとホイールが付いています。

ほとんどの操作は
左ボタンだけで行えます！

ホイール
人差し指でくるくると回して使います。パソコンの画面を上下に動かすときに使います

左ボタン
一番よく使うボタンです。左ボタンを1回押すことを、左クリックといいます

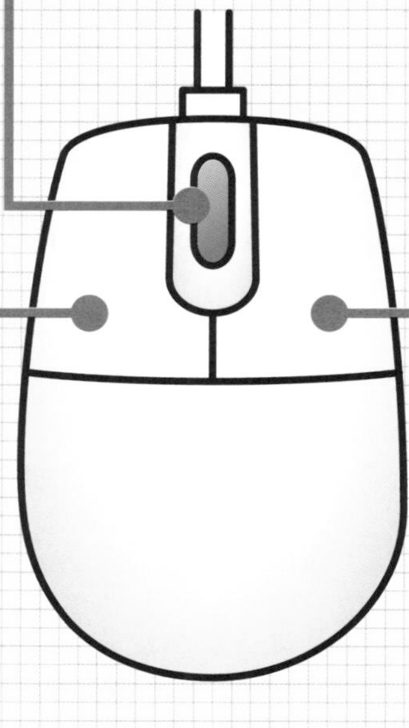

右ボタン
右ボタンを1回押すことを、右クリックといいます

解説 マウスの持ち方

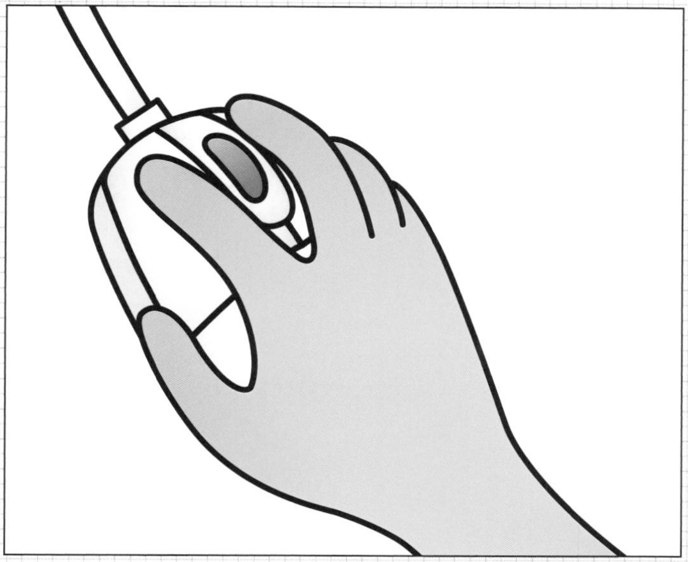

平らな場所にマウスを置き、手のひらで包むように持ちます。人差し指を左ボタンの上、中指を右ボタンの上に置きます

Column ノートパソコンの場合

ノートパソコンでは、マウスのかわりにタッチパッドで操作します。マウスのボタンと同じ使い方ができますが、慣れないうちは使いにくいかもしれません。
最初は、マウスをつなげて使うことをおすすめします。

マウスを動かしてみよう

マウスを実際に動かしてみましょう。マウスの基本操作は、移動・クリック・ダブルクリック・ドラッグの4つです。慣れると自然にできるようになるので、何度もやってみましょう。タッチ操作の方法も紹介します。

解説 ポインターを移動する

マウスを動かすと、その動きに合わせて画面上の矢印（ ）が移動します。この矢印を「ポインター」といいます。

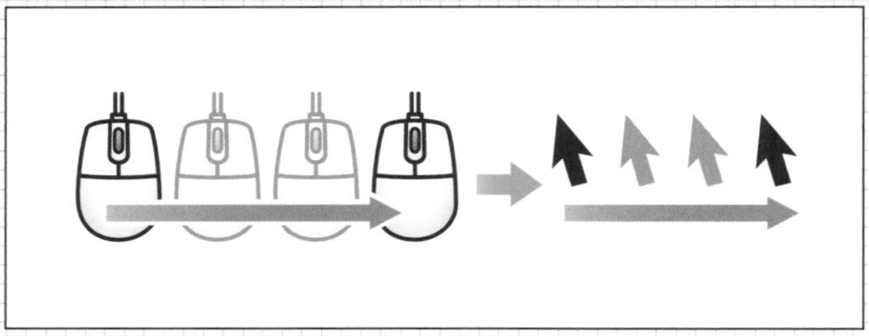

マウスを右に動かすと、ポインターも右に移動します

■マウスパッドの端に来てしまったときは

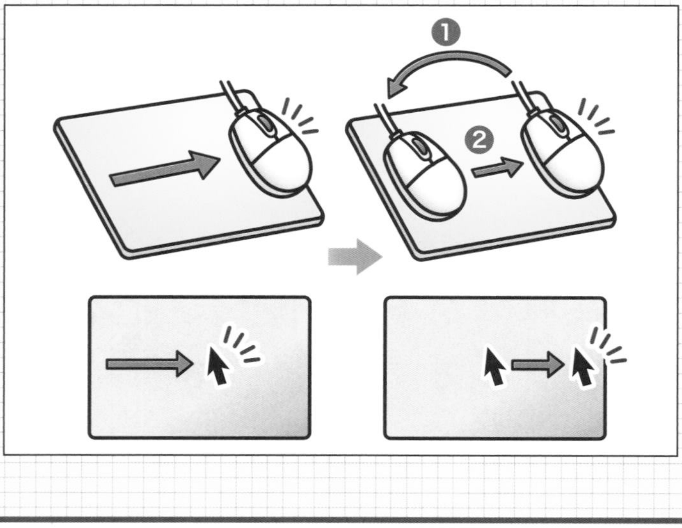

マウスをマウスパッド（または机）から浮かせて、左側に持っていきます❶。そこからまた右に移動します❷

解説

マウスをクリックする

マウスを固定して左ボタンを１回押すことを「左クリック」といいます。右ボタンを1回押すことを「右クリック」といいます。

1 ９ページの方法でマウスを持ちます

2 人差し指で左ボタンを軽く押します

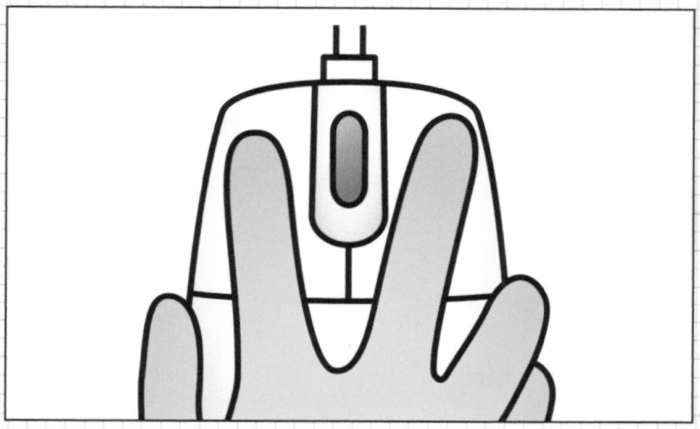

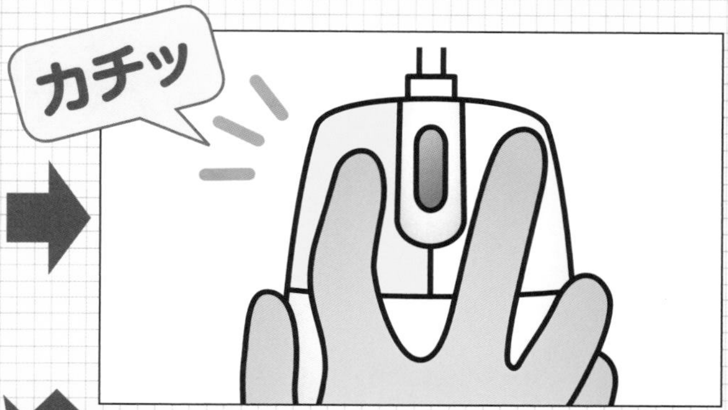

3 すぐにもとに戻します。左ボタンがもとの状態に戻ります

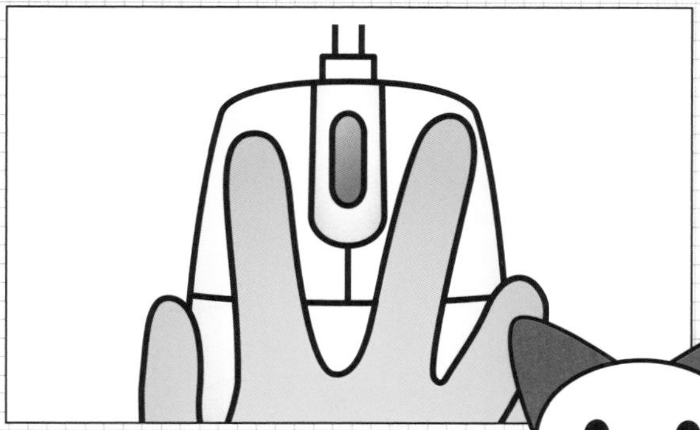

●右クリックの場合

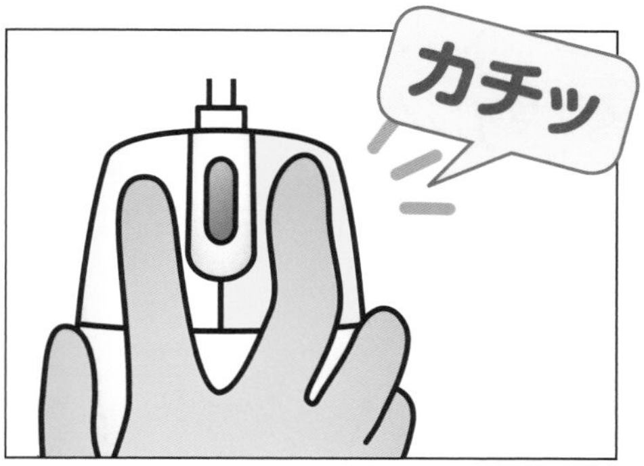

同様に、右ボタンを押すと右クリックができます

クリックは、ボタンを押してすぐに戻す操作です。押し続けてはいけませんよ

解説

マウスをドラッグする

マウスの左ボタンを押したままマウスを移動することを、「ドラッグ」といいます。移動中、ボタンから指を離さないように注意しましょう。

左ボタンを押したまま移動して…　　指をもとに戻す

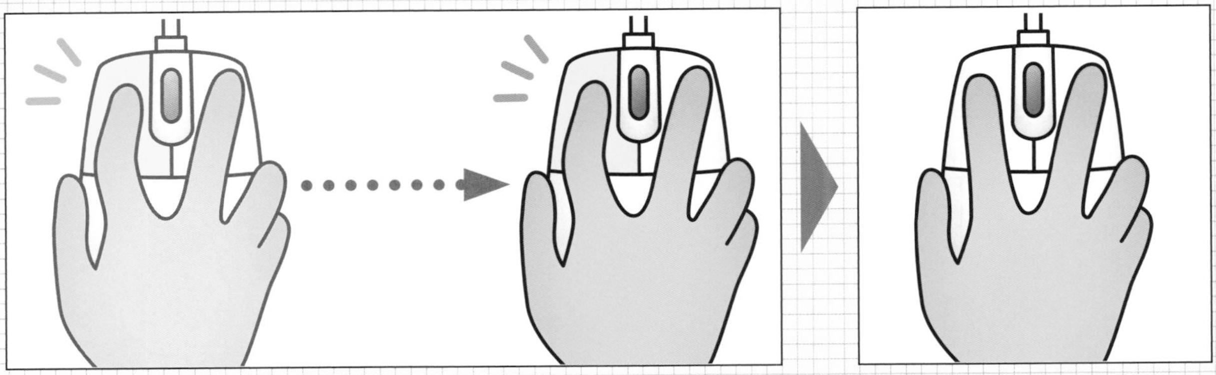

解説

マウスをダブルクリックする

マウスの左ボタンをすばやく2回続けて押すことを「ダブルクリック」といいます。

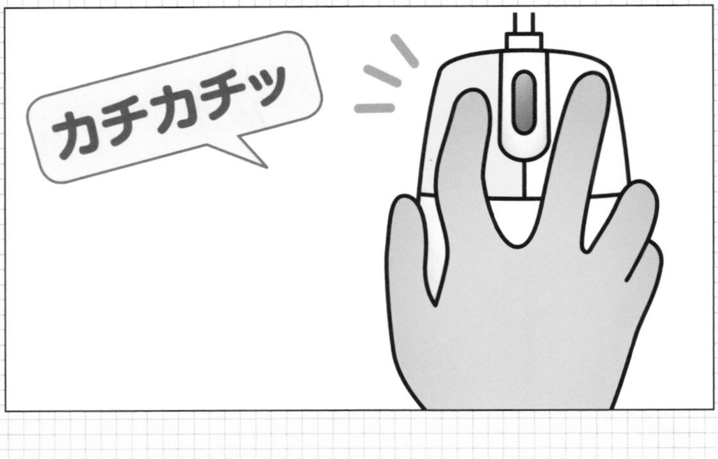
カチカチッ

「カチカチッ」と押す
イメージです

解説 タッチ操作を利用する

タッチ対応モニターでは、マウスと同じ動作を、画面をタッチして行うことができます。

タップ
対象を1回トンとたたきます（マウスの左クリックに相当）

ダブルタップ
対象をすばやく2回たたきます（マウスのダブルクリックに相当）

ホールド
対象を少し長めに押します（マウスの右クリックに相当）

ドラッグ
対象に触れたまま、画面上を指でなぞり、上下左右に動かします

よく使うキーを確認しよう

パソコンで文字を入力するには、キーボードを使います。キーボードにはたくさんのキーが並んでいます。ここでは、よく使うキーの名称と、キーに割り当てられた機能を確認しましょう。

解説 キーの名称と機能

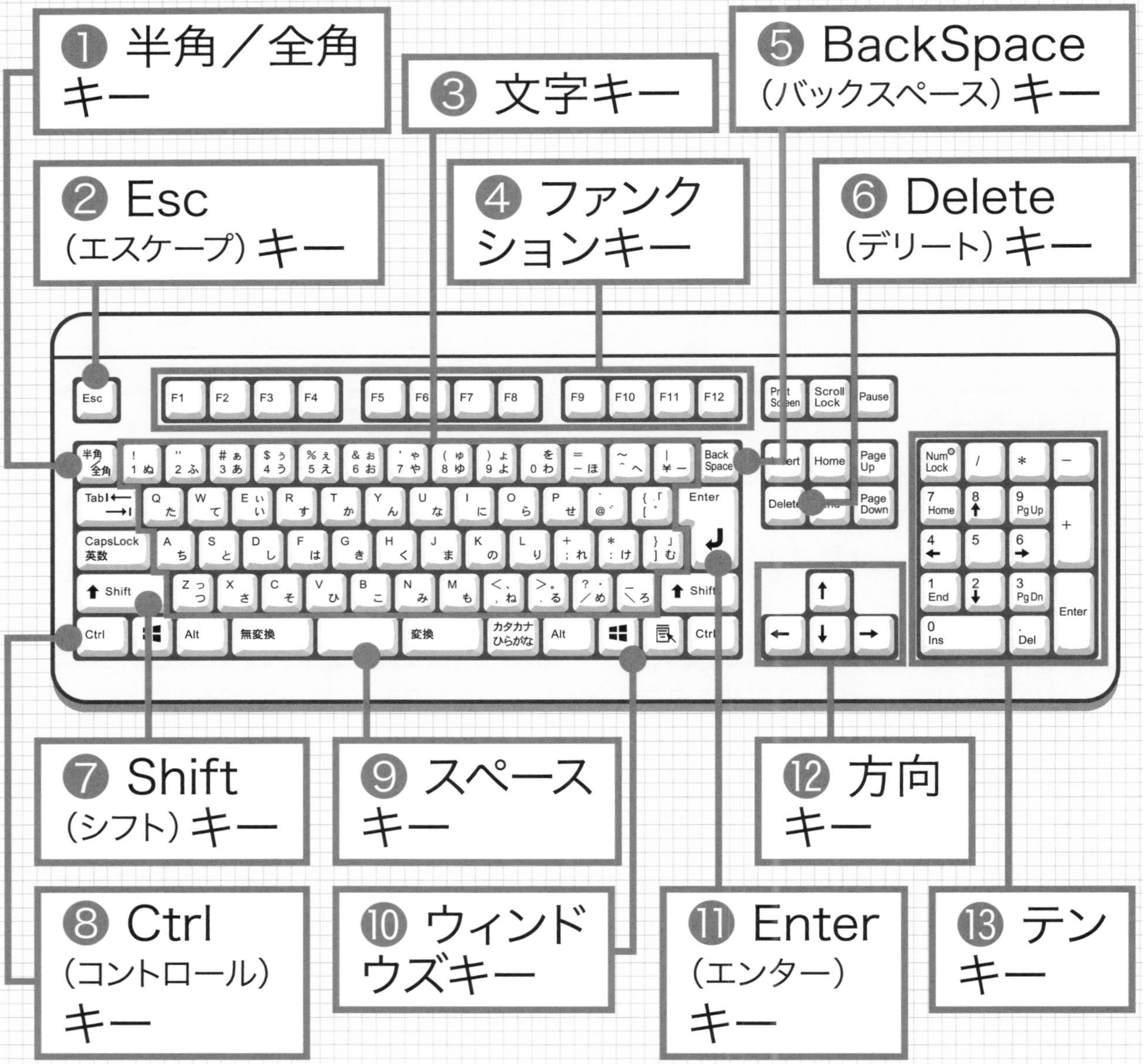

＊キーの配列は、パソコンの種類によって異なります。

❶ 半角／全角キー
日本語入力モードと半角英数入力モードを切り替えます（39ページ参照）。

❷ Esc（エスケープ）キー
入力した文字を取り消したり、選択した操作を取り消したりします。

❸ 文字キー
ひらがなや英数字、記号などの文字を入力します。

❹ ファンクションキー
それぞれのキーに、文字を入力したあとにカタカナに変換するなどの機能が登録されています。

❺ BackSpace（バックスペース）キー
｜（カーソル）の左側の文字を消します。また、選択した文字列を削除します。

❻ Delete（デリート）キー
｜（カーソル）の右側の文字を消します。また、選択した文字列を削除します。

❼ Shift（シフト）キー
英字の大文字やキーの左上に書かれた記号を入力するときに、このキーと文字キーを同時に押します。

❽ Ctrl（コントロール）キー
ほかのキーと組み合わせて使います。

❾ スペースキー
ひらがなを漢字やカタカナに変換します。空白を入力するときにも使います。

❿ ウィンドウズキー
スタートメニューを表示します。

⓫ Enter（エンター）キー
変換した文字の入力を完了します。改行するときにも使います。

⓬ 方向キー
｜（カーソル）の位置を上下左右に移動します。矢印キーともいいます。

⓭ テンキー
数字を入力します。ノートパソコンでは、テンキーがない場合も多くあります。

第1章

ワードの基本を覚えよう

ワード（Word）は、手紙や案内文書、チラシなどを作成するワープロソフトです。この章では、ワードを開く方法や画面のしくみ、文書を保存する方法など、ワードを使ううえで基本となる操作を覚えましょう。

この章でできるようになること

ワードを開くことができます！ ▶18、32～35ページ

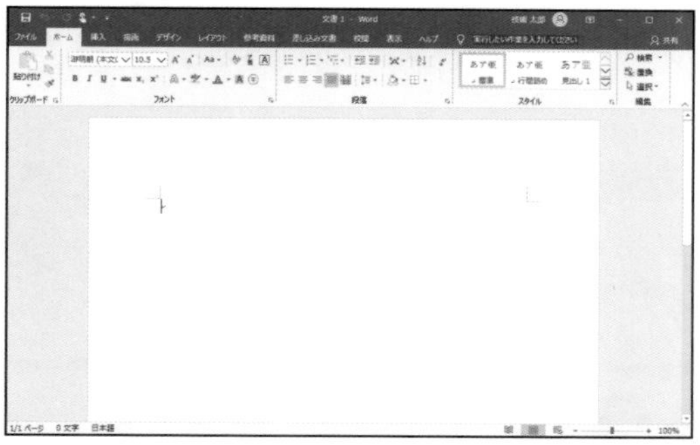

まずはワードを
開く方法を
覚えましょう。
作業が
終わったら、
必ず閉じましょう

ワードの画面のしくみがわかります！ ▶20～27ページ

ワードを使うために必要な道具の名前と役割や、
画面の見方、画面の切り替え方法などを解説します

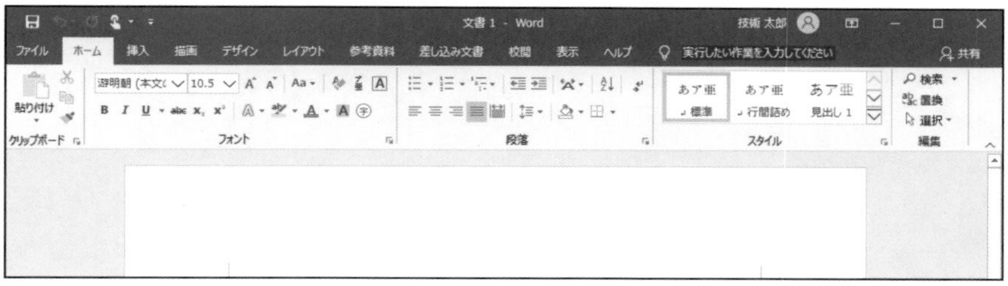

文書を保存することができます！ ▶28～31ページ

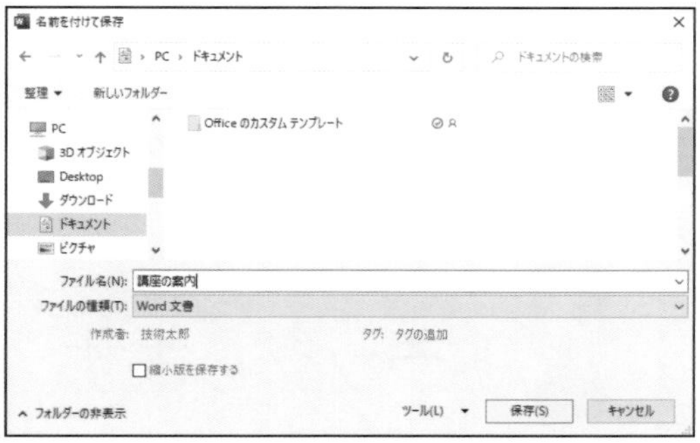

作成した文書は
パソコン内に
保存しておくことが
できます。
保存した文書は、
好きなときに開いて
編集できます

Section 01 ワードを開こう

ワードを開くには、＜スタート＞をクリックして、スタートメニューから Word を探して左クリックします。

●操作に迷ったときは…… 左クリック 11ページ ドラッグ 12ページ

Windows 10でワードを開こう

1 Windows 10を起動します

2 《スタート》を左クリックします

をクリックすると、スタートメニューが表示されます

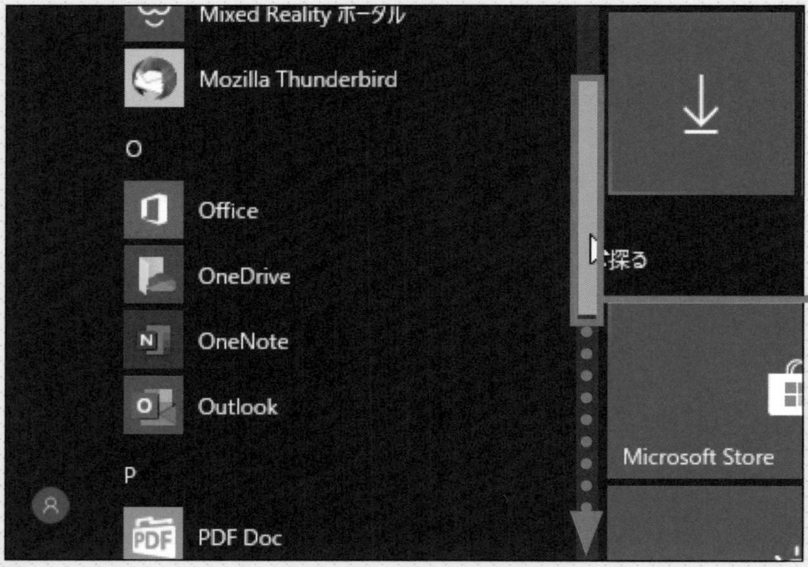

3 下へドラッグします

4 Word《ワード》を左クリックします

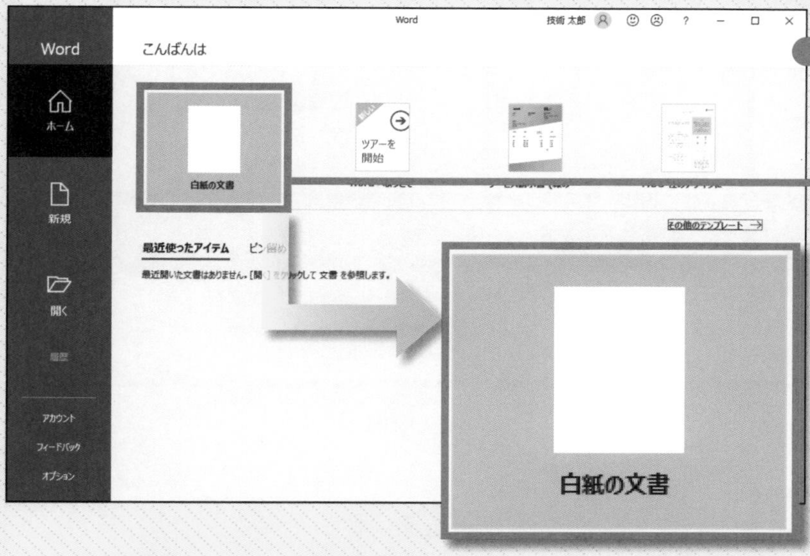

5 ワードが起動します

6 白紙の文書 を左クリックします

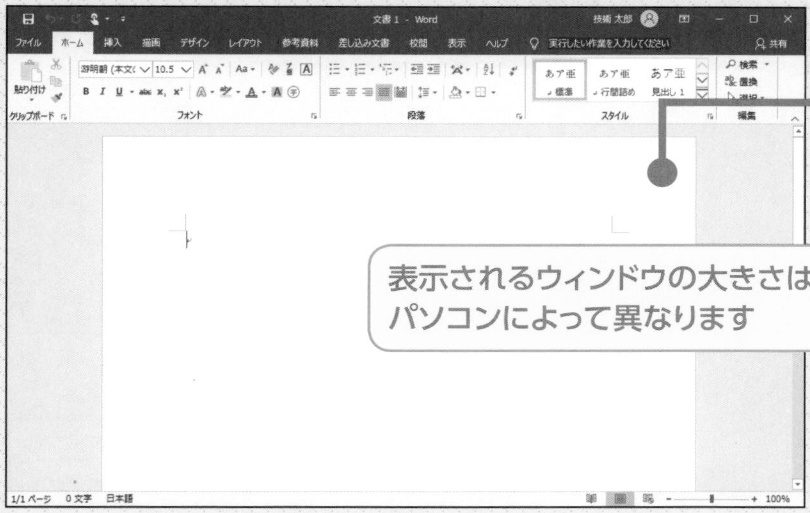

7 新しいワード文書が開きました

表示されるウィンドウの大きさは、パソコンによって異なります

おわり

Section

02 ワードの画面を知ろう

ワードの画面のしくみを見てみましょう。よく使うものは、名前を覚えておきましょう。なお、ウィンドウの大きさや設定で表示が異なる場合があります。

●操作に迷ったときは…… 左クリック 11ページ　ドラッグ 12ページ

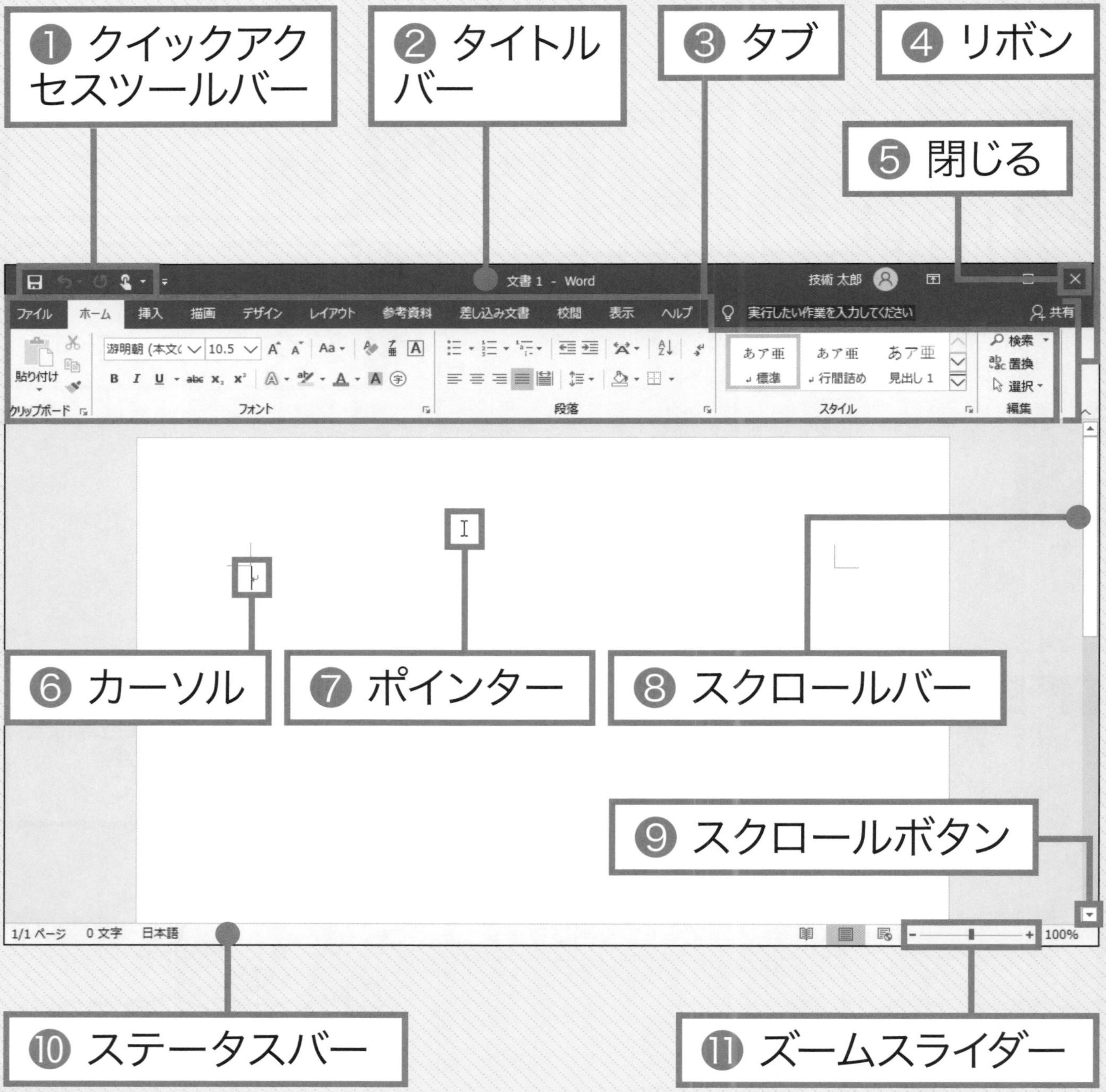

❶ クイックアクセスツールバー

よく使うコマンドとタッチ／マウスモードの切り替えが表示されています。

❷ タイトルバー

現在作業中のファイル名（文書名）が表示されます。

❸ タブ

名前の部分を左クリックして、表示を切り替えます。

❹ リボン

操作に必要なコマンドが機能別にグループ化されています。

❺ 閉じる

ワードを閉じる場合に左クリックします。

❻ カーソル

入力する位置を示します。入力したい位置で左クリックすると、その位置にカーソルが移動します。

❼ ポインター

マウスの動きや位置を示します。操作の状況によって形が変わります。

❽ スクロールバー

画面に収まりきらない部分がある場合に、バーを上下にドラッグして隠れている部分を表示します。横の部分が画面に収まりきらない場合は、画面の下にもスクロールバーが表示されます。

❾ スクロールボタン

画面に収まりきらない部分がある場合に、ボタンを左クリックすると、隠れている部分を表示します。スクロールボタンは上下にあります。

❿ ステータスバー

文書のページ数や文字数などが表示されます。

⓫ ズームスライダー

▌を左右にドラッグするか、➖や➕を左クリックして、表示倍率を変更します。

おわり

Section 03
リボンの操作方法を覚えよう

ワードの操作のほとんどは、画面上部のリボンを利用します。目的に応じてタブを切り替え、コマンドで操作を行います。リボンの操作を確認しましょう。

●操作に迷ったときは……　左クリック 11ページ

タブを切り替えよう

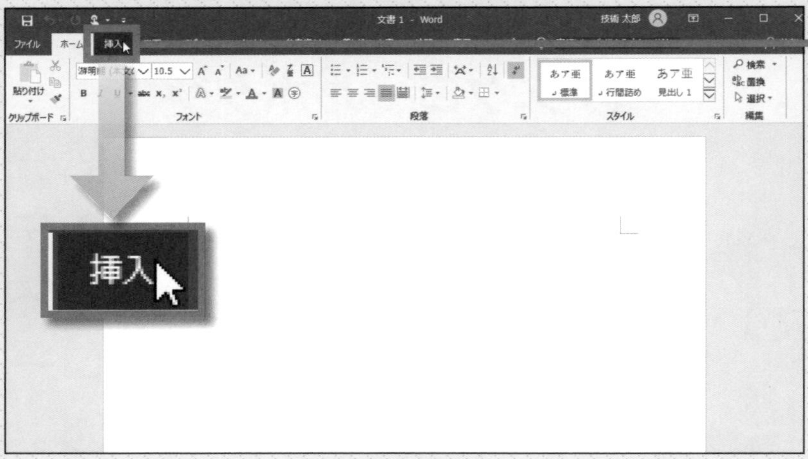

1 タブ（ここでは 挿入 ）を左クリックします

2 タブが切り替わりました

! タブを切り替えることで、そのタブにあるコマンドを利用できます

使用できるタブは作業の内容によって追加されます。106ページや140ページを参照してください

まとめられたコマンドを表示しよう

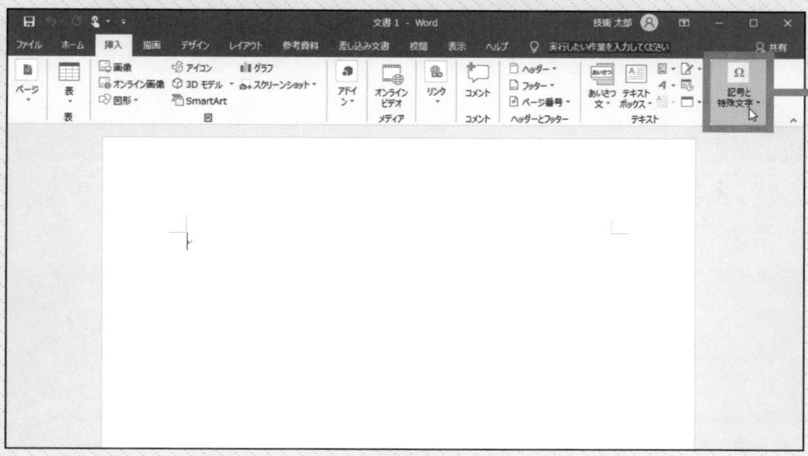

1 まとめられたコマンドを左クリックします

! ウィンドウのサイズが小さい場合は、コマンドがまとめられます

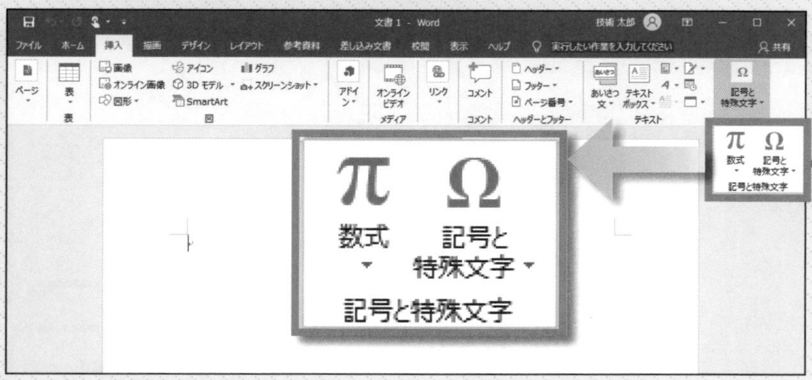

2 コマンドが表示されます

おわり

Column ウィンドウの大きさで変わるコマンドの表示

ウィンドウの大きさによっては、コマンドが1つのアイコンにまとめられる場合があります。ウィンドウのサイズが大きい場合は、下図のように表示されます。

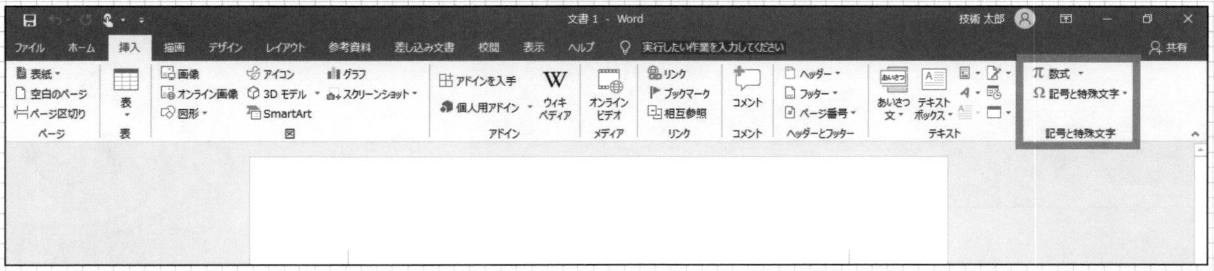

Section 04 ウィンドウの大きさを変えよう

ウィンドウは、大きさを自由に変えることができます。自分の作業しやすい大きさに変えましょう。ウィンドウを移動することもできます。

●操作に迷ったときは…… 左クリック 11ページ ドラッグ 12ページ

ウィンドウを小さくしよう

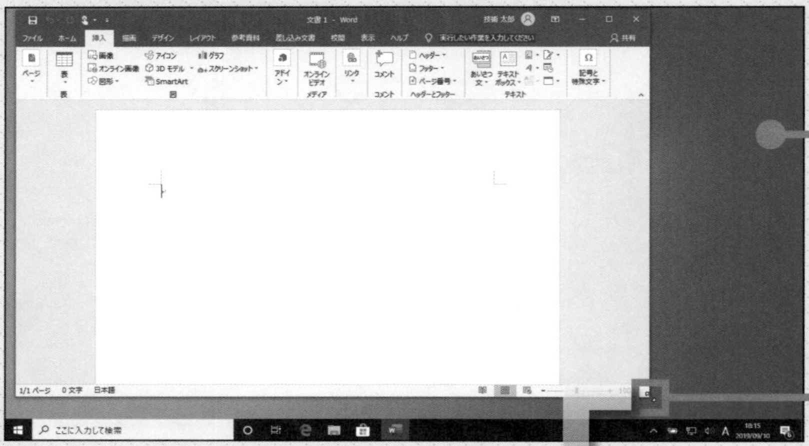

1 18ページの方法で、ワードを開きます

2 ウィンドウの枠にポインターを移動すると に変わります

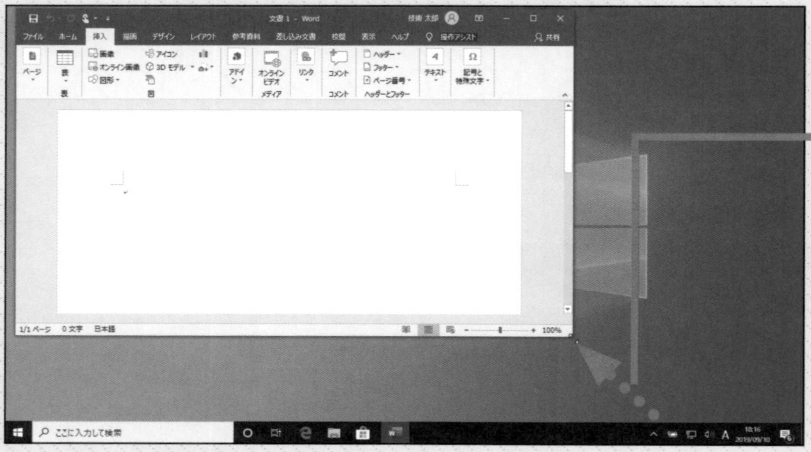

3 そのまま好きなところまでドラッグします

逆方向にドラッグすると、ウィンドウは大きくなります

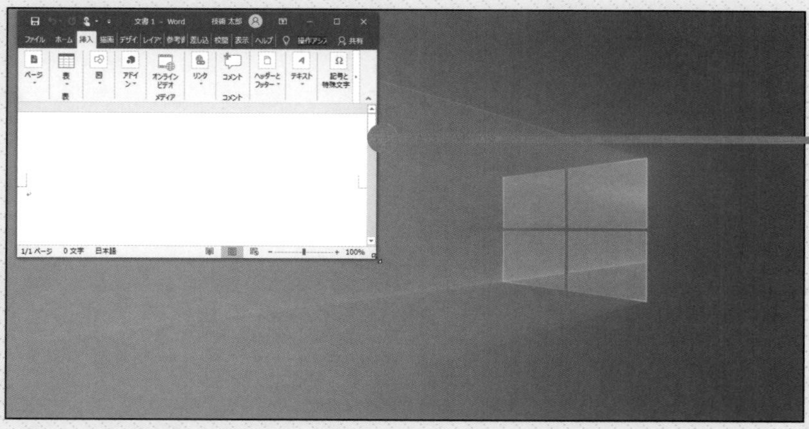

4 ウィンドウの大きさが変わりました

おわり

Column ウィンドウの最大化と縮小

ウィンドウの右上にある□を左クリックすると、全画面表示になります。⧉でもとの大きさに戻ります。

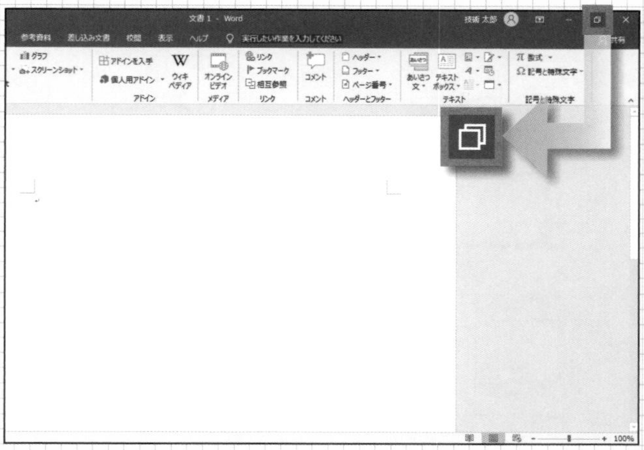

Column ウィンドウを移動する

ウィンドウの上部をドラッグすると、ウィンドウを自由に移動させることができます。

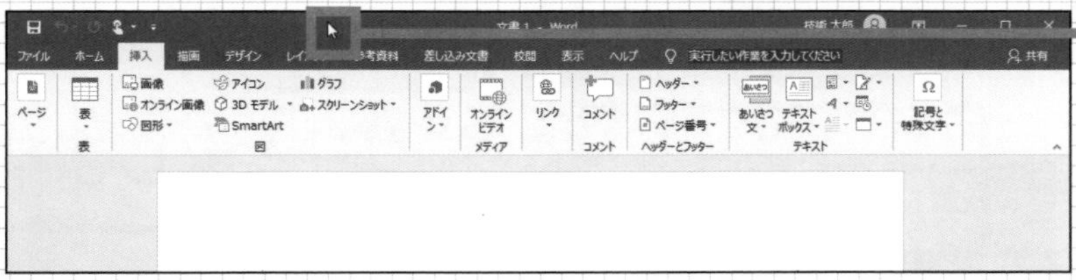

ここをドラッグします

Section 05 はじめに余白の設定をしよう

余白とは用紙の端から本文までの距離で、＜余白＞や＜ページ設定＞画面で設定します。ここでは、2章～3章で作る文書の余白を設定します。

●操作に迷ったときは…… 左クリック 11ページ

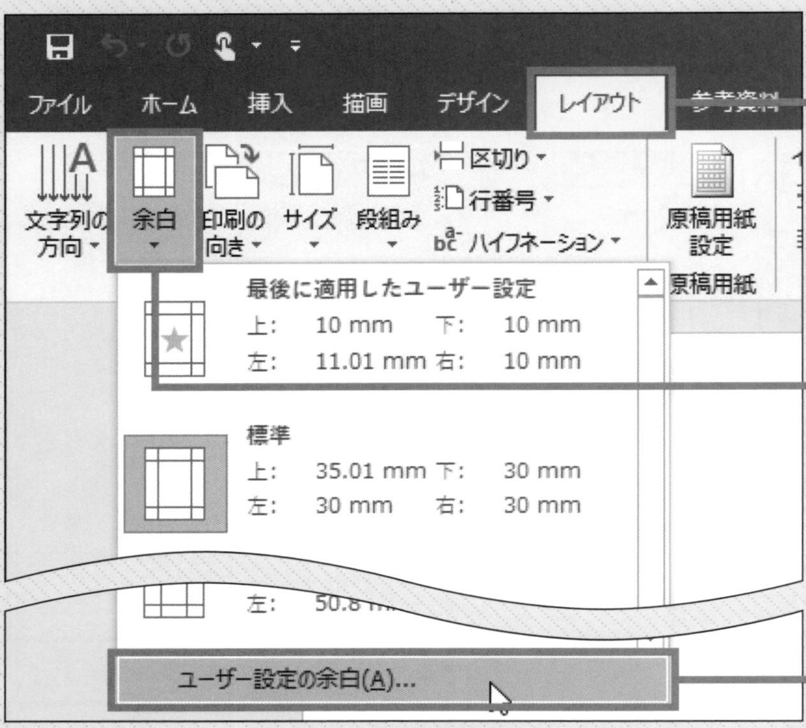

1 レイアウト を左クリックします

2 余白 を左クリックします

! 余白を一覧から選択してもかまいません

3 ユーザー設定の余白(A)... を左クリックします

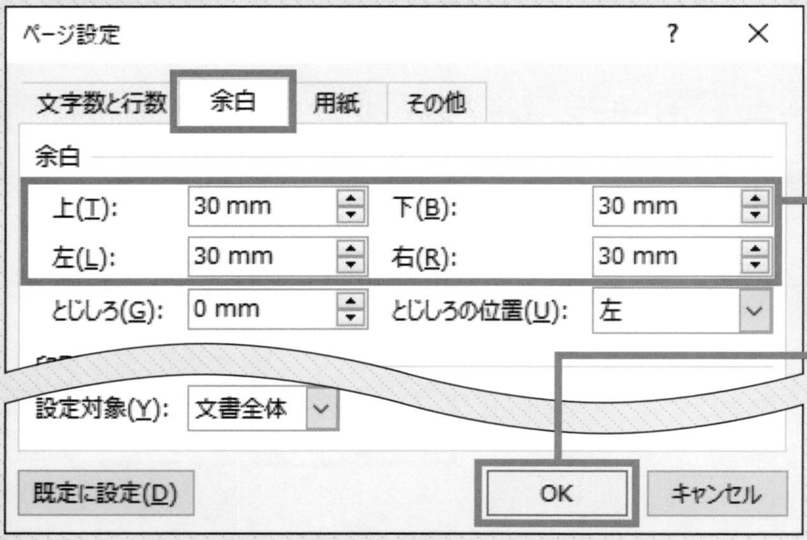

4 上下左右を「30mm」にします

5 OK を左クリックします

おわり

Column 文書のサイズを決める

ワードを開いたときに表示される文書は、最初の設定では、A4サイズ、縦置き、横書きになっています。違うサイズの文書を作りたい場合は、用紙のサイズを変更します。ここでは、用紙のサイズをB5に変更してみましょう。

■文書サイズをB5に変更する

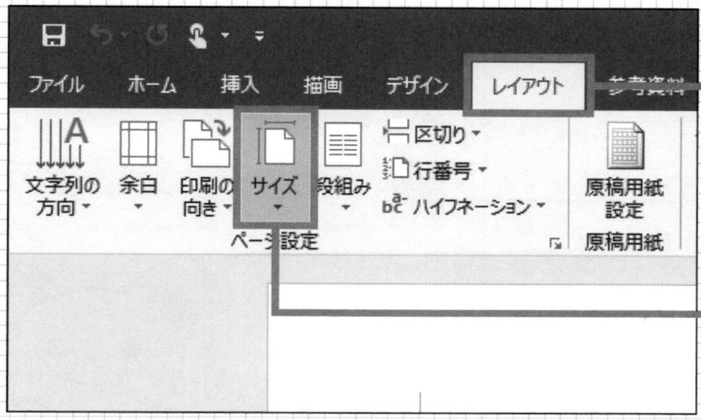

1 レイアウト を左クリックします

2 サイズ を左クリックします

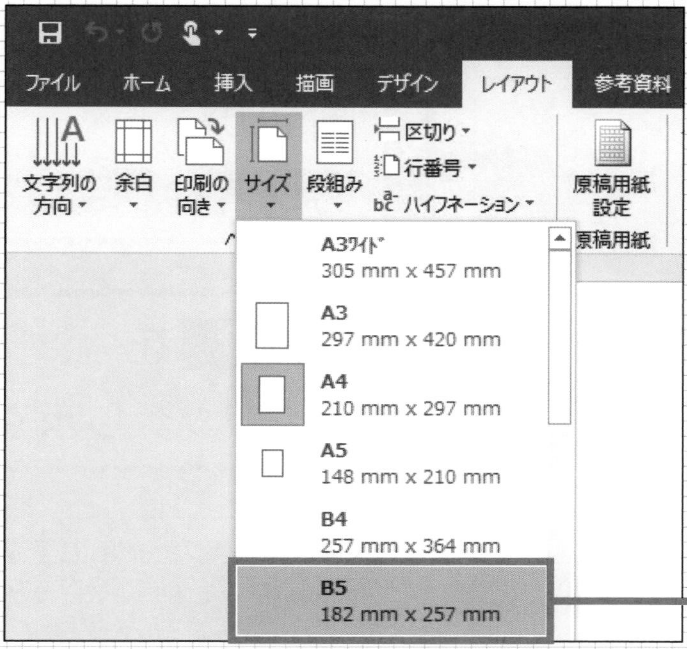

3 B5 を左クリックします

! 第2章から作る文書では、A4サイズの縦置きで、横書きです。余白は左ページの設定にしています

Section 06 文書を保存しよう

作成した文書をいつでも呼び出せるように、名前を付けてファイルとして保存します。保存した場所を覚えておきましょう。

●操作に迷ったときは……　左クリック 11ページ　入力 40ページ

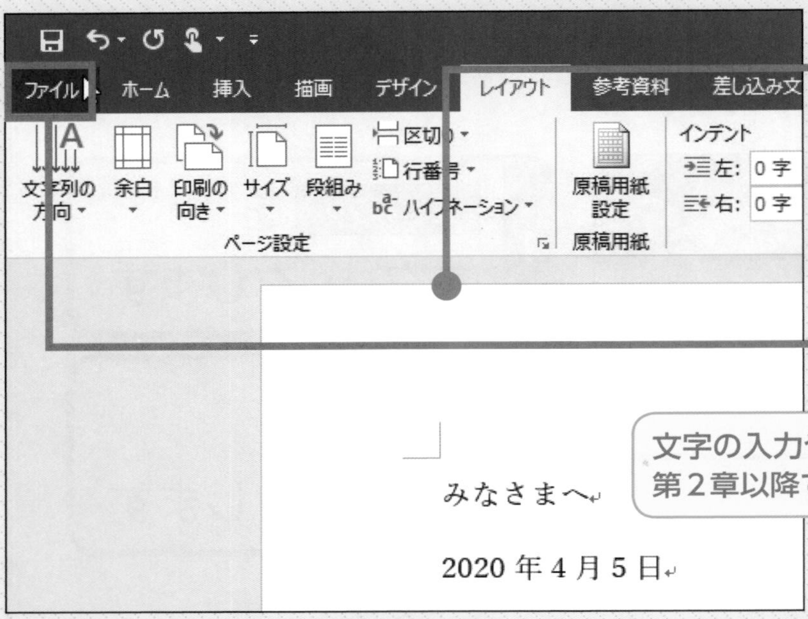

1 文書を作ります

2 ファイル を左クリックします

文字の入力や文書の作成は、第２章以降で説明します

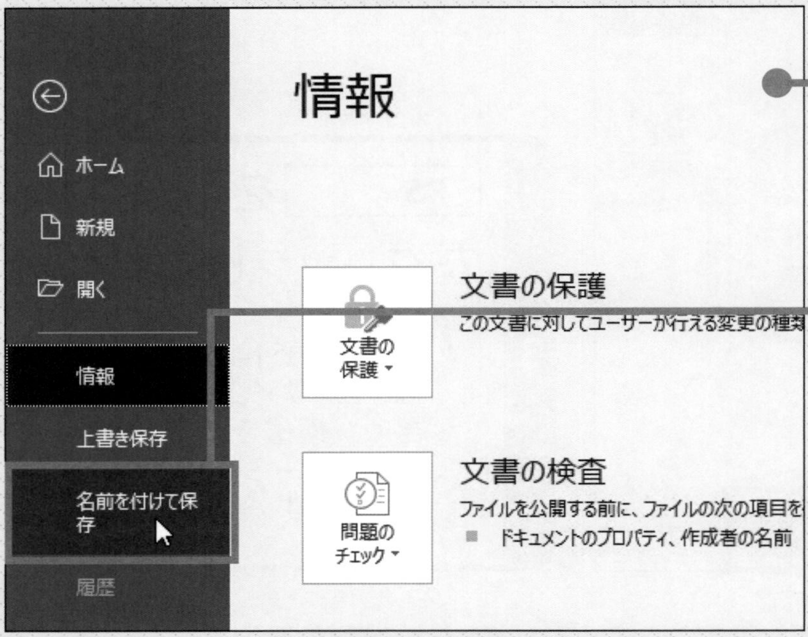

3 画面が切り替わりました

4 名前を付けて保存 を左クリックします

! 保存済みのファイルに変更を加え、同じ名前で保存する場合は、上書き保存 を左クリックします

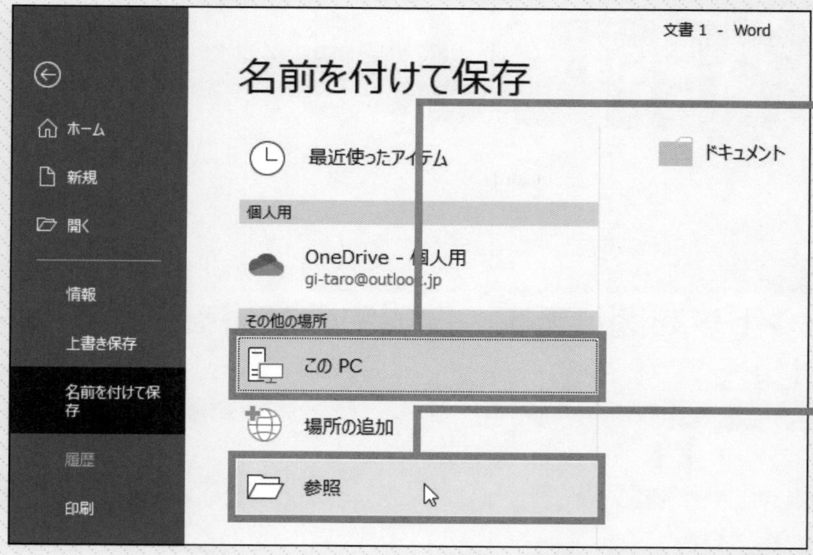

5 この PC を左クリックします

6 参照 を左クリックします

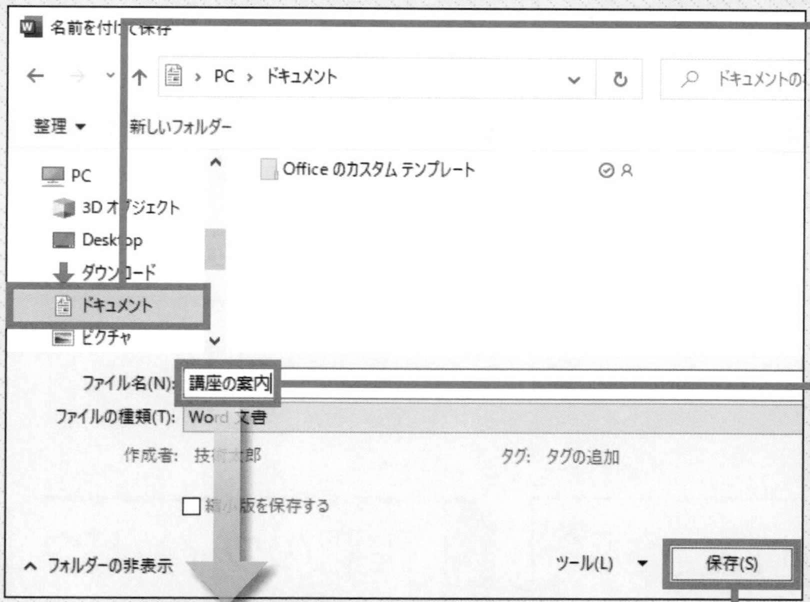

7 ドキュメント を左クリックします

! ここに文書が保存されます

8 ここを左クリックして、ファイルの名前を入力します

! 日本語入力の方法については、40ページを参照してください

9 保存(S) を左クリックします

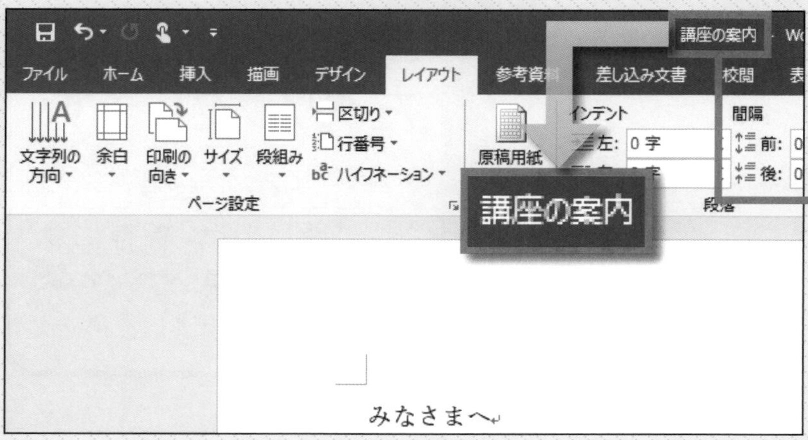

10 文書が保存されました

! ファイルの名前がここに表示されます

おわり

Section 07 ワードを閉じよう

ワードを使い終わったら、ウィンドウを閉じます。作成中の文書を保存するかどうかを確認してから閉じましょう。

●操作に迷ったときは…… 左クリック 11ページ

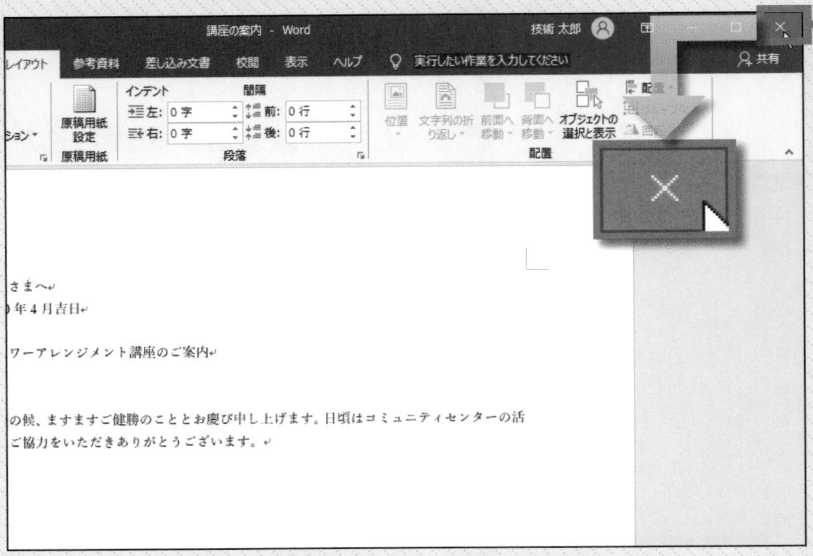

1 ×《閉じる》に ポインター を移動します

2 ×《閉じる》に変わったら左クリックします

3 確認のウィンドウが表示されました

4 保存しない(N) を左クリックします

! ここでは、保存しないで閉じます。保存については、28ページを参照してください

文書に何も変更を加えていない場合は、このウィンドウは表示されません

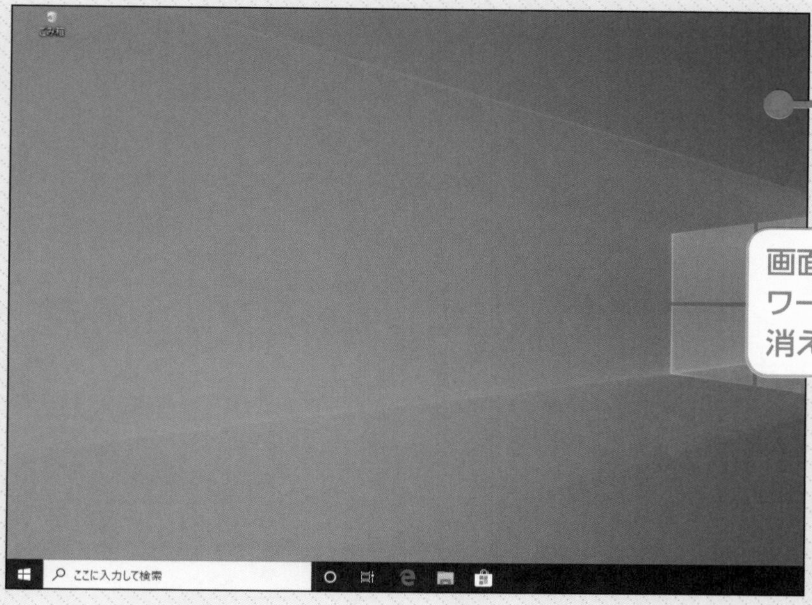

5 ワードが閉じました

画面下（タスクバー）のワードのアイコン も消えました

おわり

Column 作業を続けたいときは

左ページの確認のウィンドウは、いままで入力していた内容を保存し忘れて消してしまわないように表示されるものです。閉じるのをやめて作業を続けたいときは、 キャンセル を左クリックします。

閉じるのをやめます

現在表示している内容を保存してから閉じます（28ページ参照）

現在表示している内容を保存しないでウィンドウを閉じます

Section 08 保存した文書を開こう

28ページで保存した文書（ファイル）を開いてみましょう。保存した場所を開いて、保存した文書を探します。

●操作に迷ったときは……　左クリック 11ページ

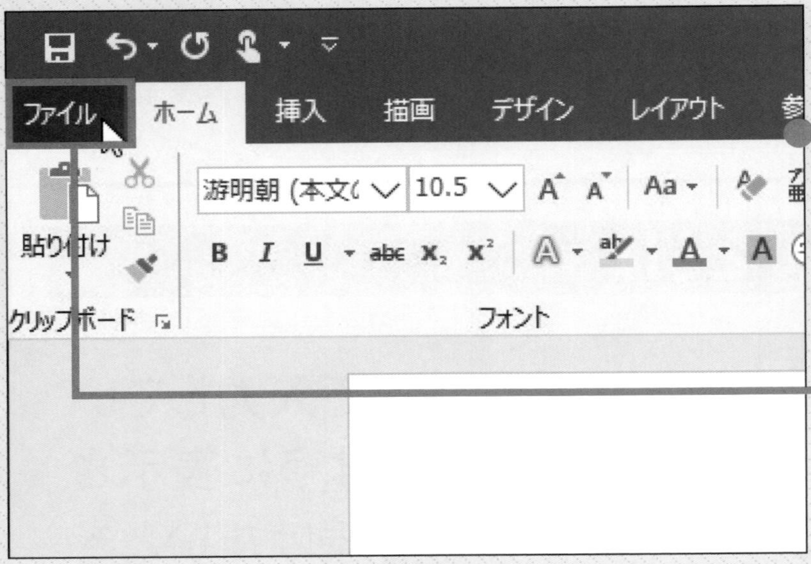

1 18ページの方法で、ワードを開きます

2 ファイル を左クリックします

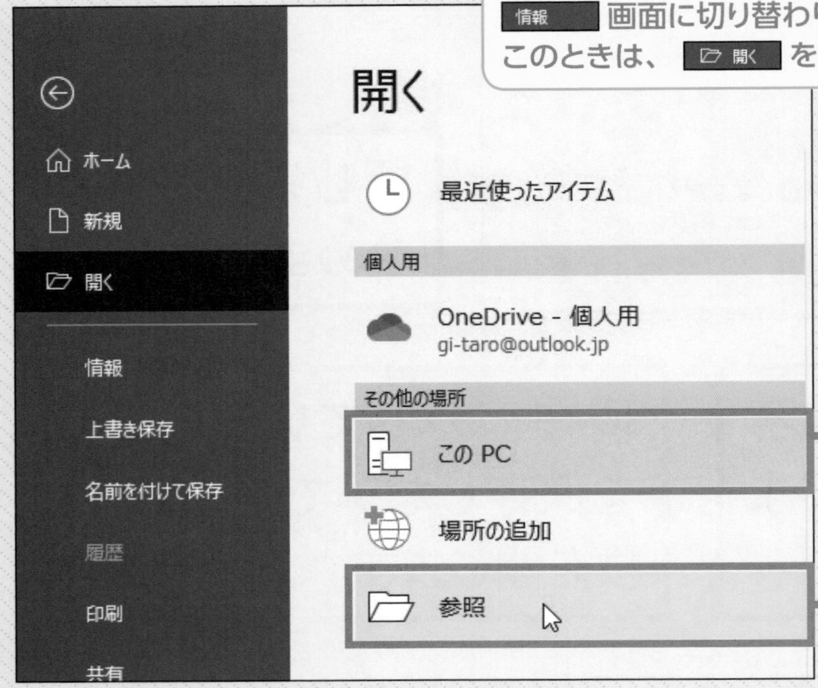

文書を開いているときに手順 2 を行うと、情報 画面に切り替わります。
このときは、開く を左クリックします

3 この PC を左クリックします

4 参照 を左クリックします

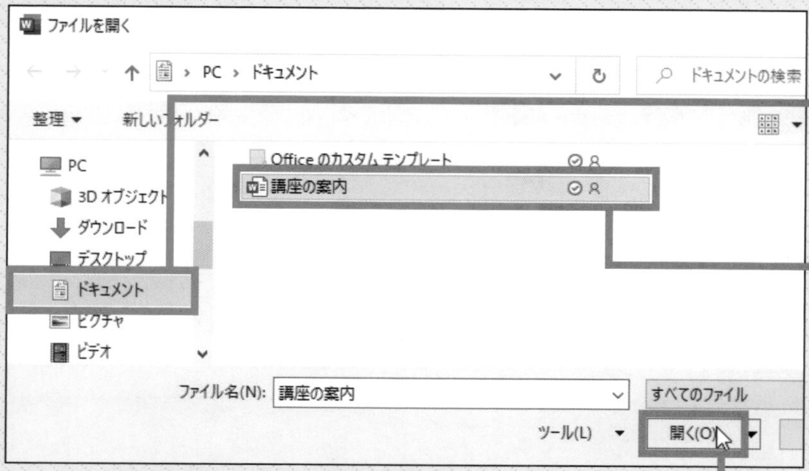

5 ドキュメント を左クリックします

6 28ページで保存した文書を左クリックします

7 開く(O) を左クリックします

! ファイルを選択すると、「ファイル名」に名前が表示されます

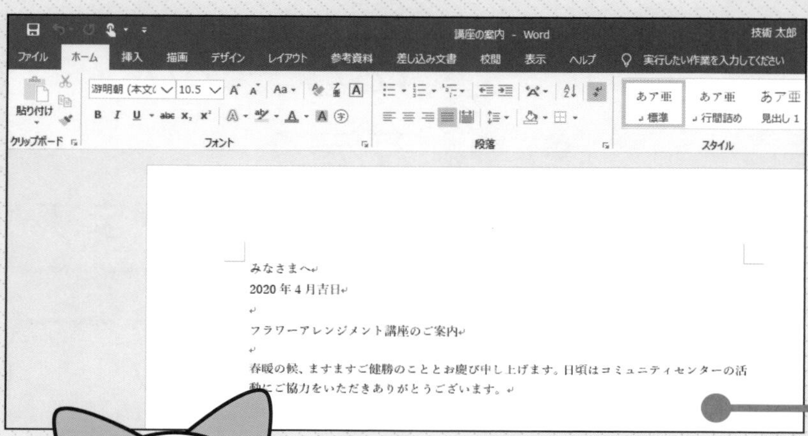

8 文書が開きました

ファイルの名前がタイトルバーに表示されます

おわり

Column 文書を開くそのほかの方法

ワードを起動すると、「ホーム」画面の「最近使ったアイテム」に保存した文書が表示されます。また、「開く」画面の右側にも文書が表示されます。これらを左クリックしても開くことができます。

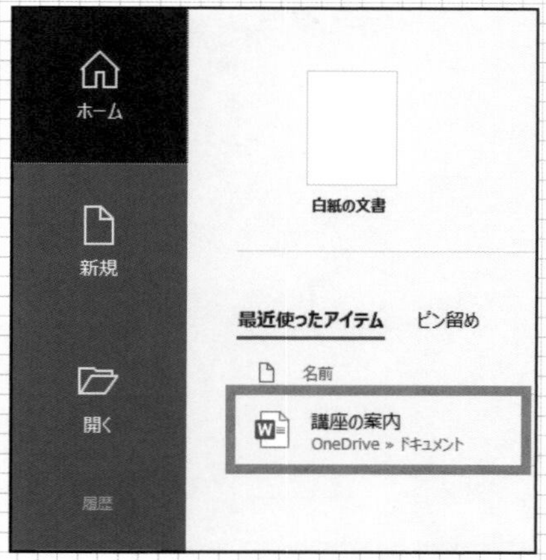

Section 09 ワードをかんたんに開けるようにしよう

タスクバーに表示されている を右クリックして、「タスクバーにピン留めする」を左クリックし、つねにワードのアイコンを表示させます。

●操作に迷ったときは…… 左クリック 11ページ 右クリック 11ページ

1 18ページの方法で、ワードを開きます

2 タスクバーの を右クリックします

3 タスクバーにピン留めする を左クリックします

! 登録することを「ピン留めする」といいます

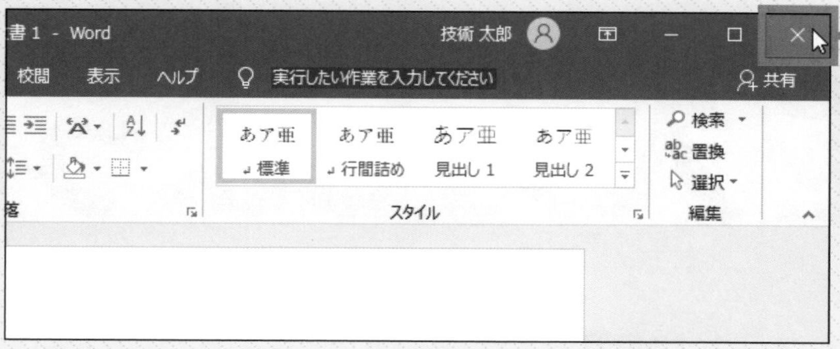

4 ×《閉じる》を左クリックしてワードを終了します

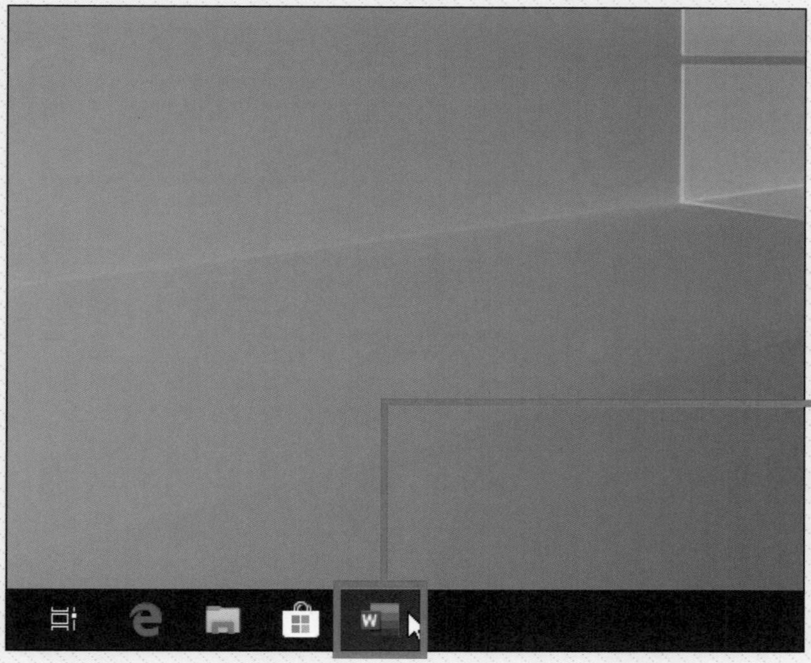

5 タスクバーの を左クリックすると、ワードが開きます

おわり

Column タスクバーからアイコンを外すには

タスクバーに登録した を外すには、右クリックして「タスクバーからピン留めを外す」を左クリックします。

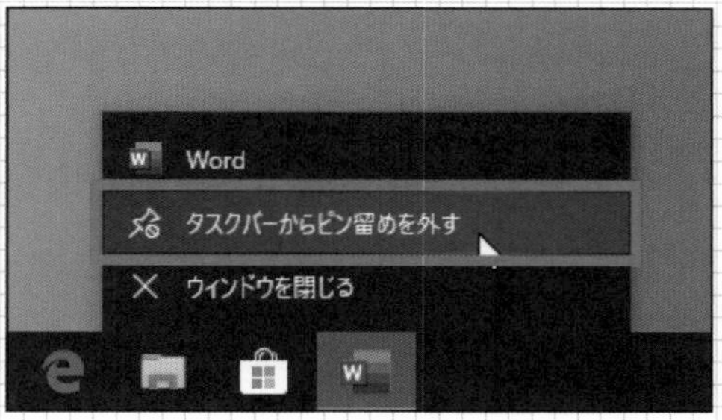

第2章 文章を入力しよう

文書を作成する前に、まずは文字を入力する練習をします。入力方法の基本をしっかり覚えて、キーボードを使って入力してみましょう。 入力した文字を削除したり、文字のコピーや移動など編集操作もしてみましょう。

この章でできるようになること

みなさまへ
2020 年 4 月吉日

フラワーアレンジメント講座のご案内

　春暖の候、ますますご清栄のこととお慶び申し上げます。日頃はコミュニティセンターの活動にご協力をいただきありがとうございます。
　この度、「フラワーアレンジメント講座」を開設することになりました。この講座は、季節の花に囲まれながら、地域のみなさまと楽しく交流することを目的としています。
　初めての方大歓迎です。ぜひお気軽にご参加ください。

市谷コミュニティセンター

記

開催日：６月３日（水）～１０月２８日（水）　毎週水曜日
時　間：午後２時～５時
会　場：市谷コミュニティセンター　多目的室
会　費：５００円
定　員：３０名（先着順）

※「花ばさみ」をお持ちの方はご持参ください。

【申し込み方法】
4 月 30 日までに事務局へお申し込みください。

お問い合わせは、下記事務局まで。
メール　ichigaya@example.com

以上

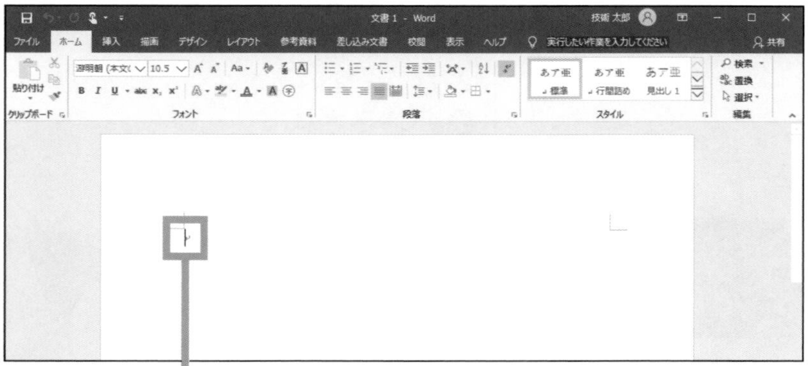
ここから入力を始めます

この章では
上の文書が入力できる
ようになります!

Section 10 日本語入力のしくみを知ろう

文字を入力するときは、日本語や英数字用の「入力モード」を切り替えます。ここでは、入力モードの違いと切り替え方法を覚えましょう。

●操作に迷ったときは…… 左クリック 11ページ キー 14ページ 入力 40ページ

日本語入力について知ろう

文字の入力は、日本語入力システムを使って行います。日本語入力システムには、英数字入力と日本語入力の入力モードや、ローマ字入力とかな入力の入力方式を切り替えるための機能が備わっており、タスクバーの通知領域にある入力モードアイコンから設定します。

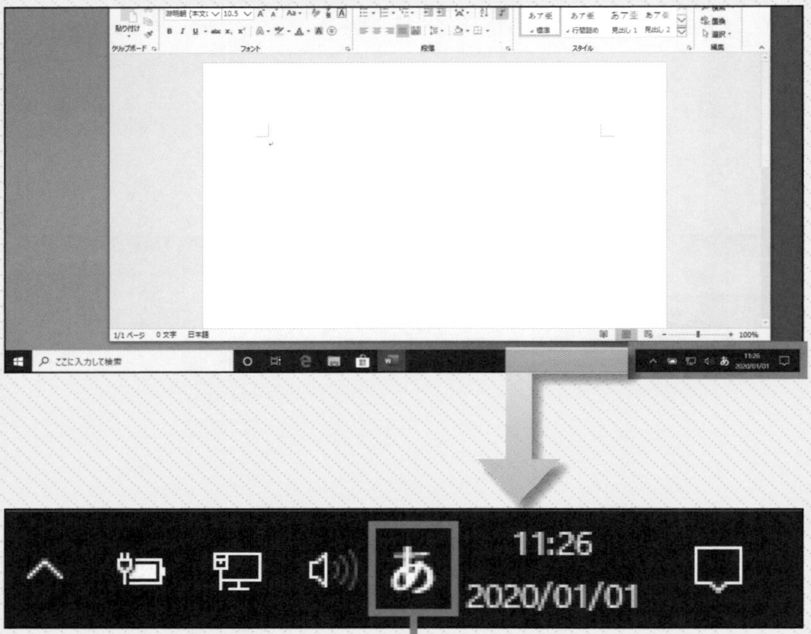

入力モードを確認するアイコン

文字を入力できる状態のとき、入力モードのアイコンが表示されます。入力できないときは ✖ が表示されます

入力モードを知ろう

入力モードには、日本語を入力する「日本語入力モード」と、英数字を入力する「半角英数入力モード」があります。キーボードの半角/全角キーを押すか、入力モードアイコン（あ／A）を左クリックすると、入力モードが切り替わります。

●日本語入力モード

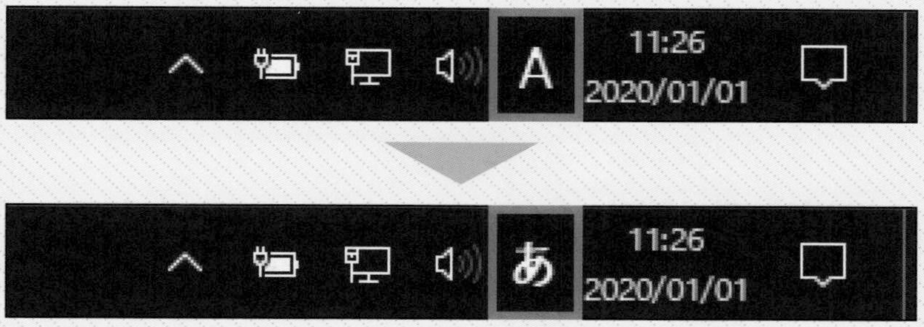

キーボードの半角/全角キーを押すと、Aがあに替わります

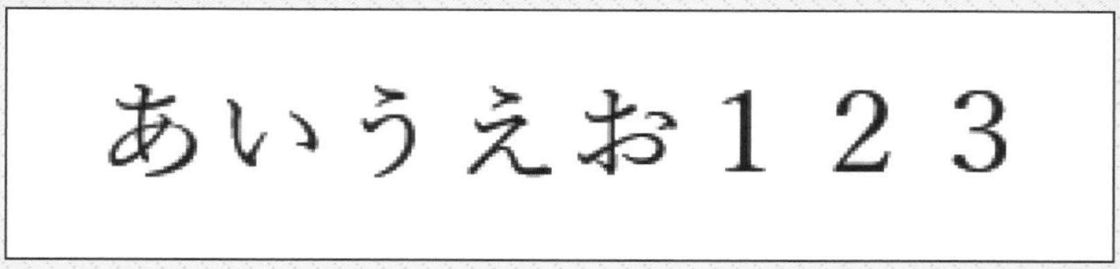

日本語が入力できるようになります

●半角英数入力モード

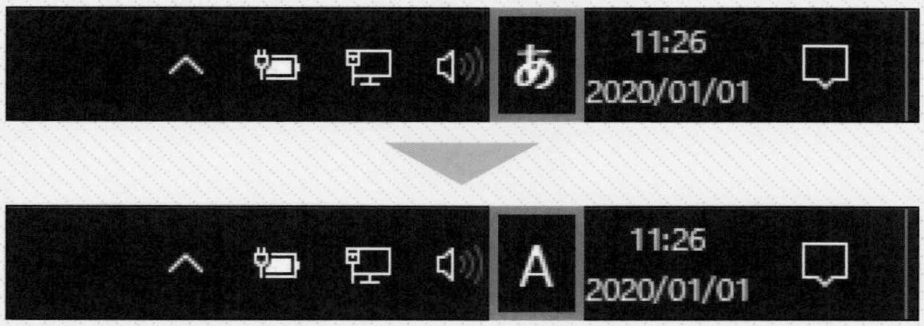

キーボードの半角/全角キーを押すと、あがAに替わります

英数字が入力できるようになります

おわり

Section 11 文字を入力しよう

キーボードを使って文字を入力する方法として、「ローマ字入力」と「かな入力」の2つがあります。本書では、ローマ字入力で解説します。

●操作に迷ったときは…… 左クリック 11ページ 右クリック 11ページ キー 14ページ

ローマ字入力を使ってみよう

あ
11:26
2020/01/01

1 入力モードを あ にします

キーに書かれた英文字を使って、ローマ字読みで日本語を入力します

2 M I N A S A M A H E の順にキーを押します

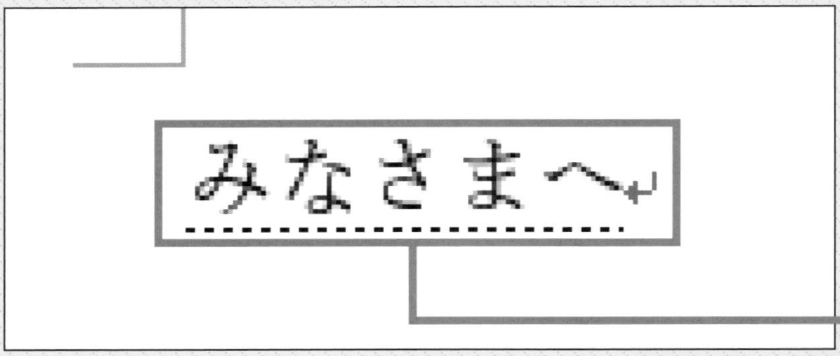
みなさまへ

3 「みなさまへ」と表示されました

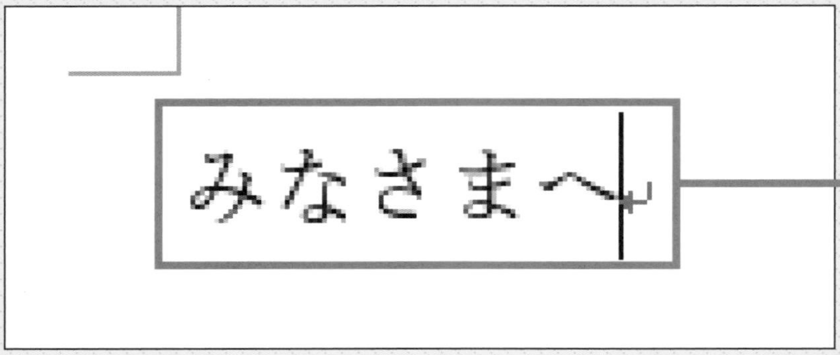
みなさまへ

4 Enter《エンター》キーを押すと入力が完了します

ローマ字入力とかな入力の切り替え方法

ローマ字入力とかな入力の切り替えは、入力モードアイコンから設定します。入力モードアイコンを右クリックするとメニューが表示されるので、使いたい方式を選択します。

1 入力モードアイコンを右クリックします

本書では、ローマ字入力を使った入力方式で解説します

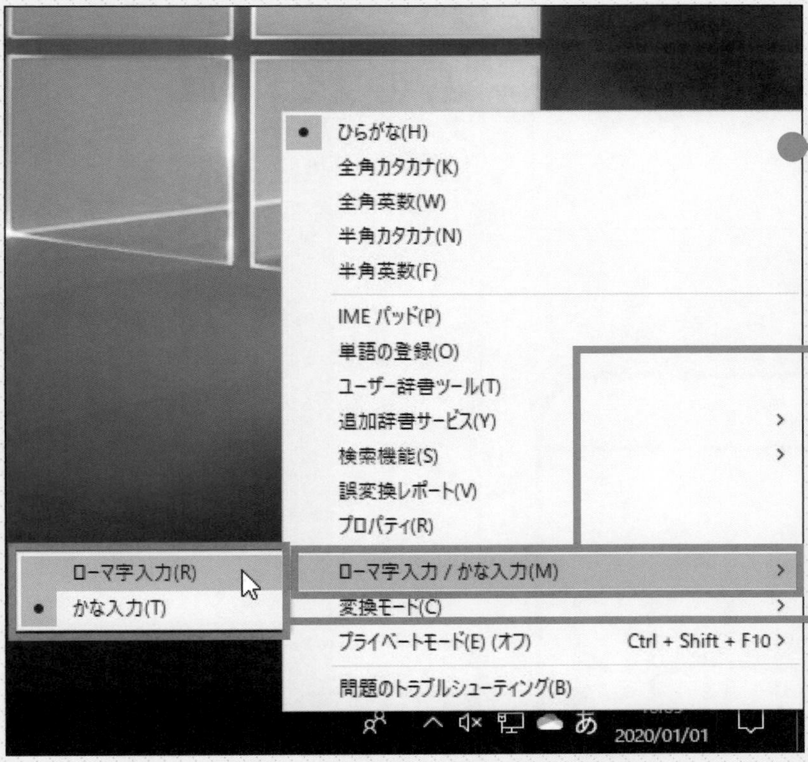

2 メニューが表示されました

3 ローマ字入力 / かな入力(M) を左クリックします

4 ローマ字入力(R) または かな入力(T) を左クリックします

かな入力では、キーに書かれたひらがなをそのまま入力できます

! メニューの表示が異なる場合は、「かな入力」を左クリックして「無効」を左クリックします

おわり

Section 12 次の行へ改行しよう

次の行を入力するには、行の最後尾にカーソルを置いた状態で、Enter キーを押してカーソルを移動します。これを「改行」といいます。

●操作に迷ったときは…… 左クリック 11ページ キー 14ページ

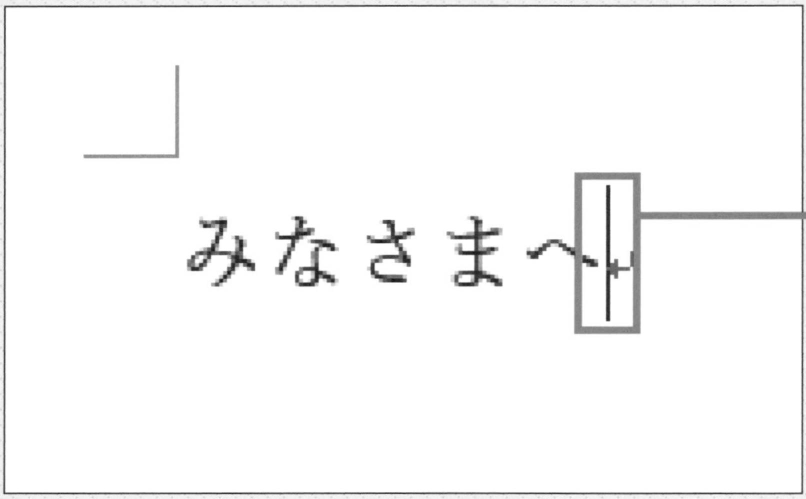

1 「みなさまへ」の右側を左クリックします

文字を入力できる位置を示す点滅している ｜ を「カーソル」と呼びます

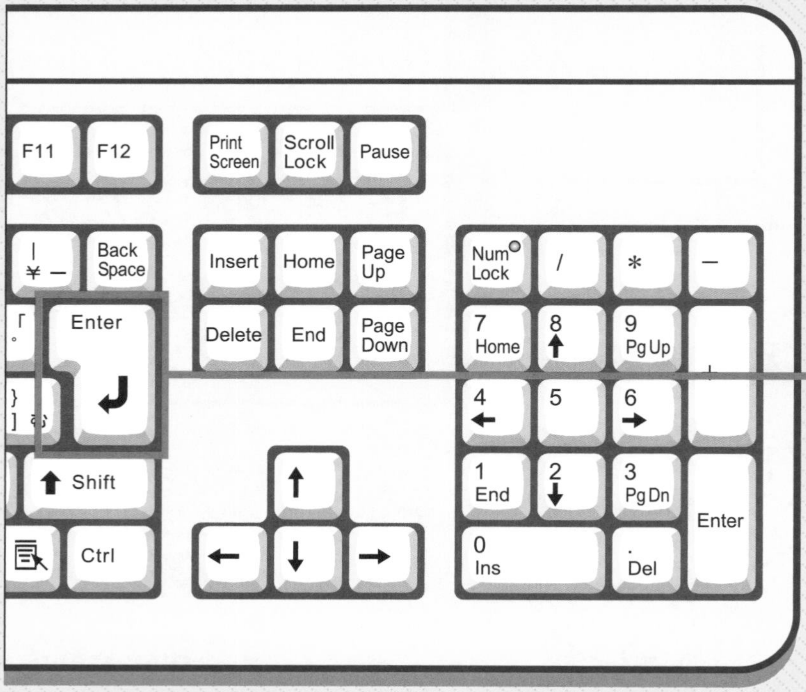

2 Enter《エンター》キーを押します

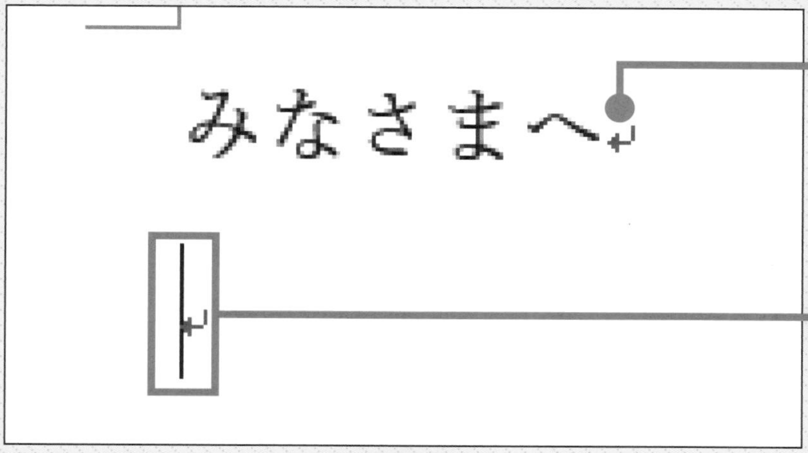

3 改行されます

4 [|]《カーソル》が次の行の先頭に移動しました

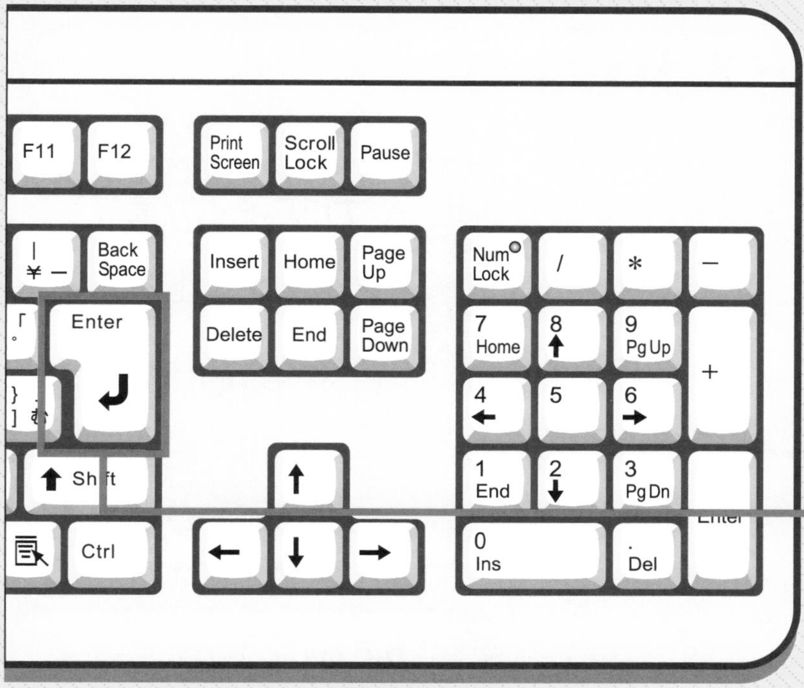

改行すると、次の行にも↵が表示されます。
これを「段落記号」と呼びます。
段落記号は印刷されません

5 [Enter]《エンター》キーを押します

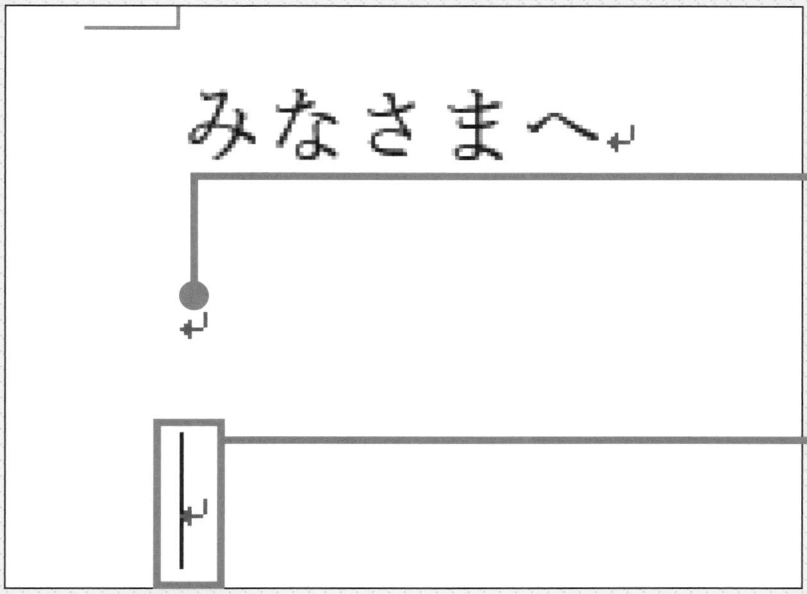

6 さらに改行されます

7 [|]《カーソル》が次の行に移動しました

おわり

Section 13 日付を入力しよう

日付は、「○年」「○月」「○日」の単位で変換すると、スムーズに変換されて入力できます。ここでは、数字は半角でも全角でもかまいません。

●操作に迷ったときは…… 左クリック 11ページ キー 14ページ 入力 40ページ

「2020年4月5日」と入力しよう

1 入力する位置で左クリックし|《カーソル》を移動します

! 入力モードが あ になっているか確認します

2 [2][0][2][0] [N][E][N][N]の順にキーを押します

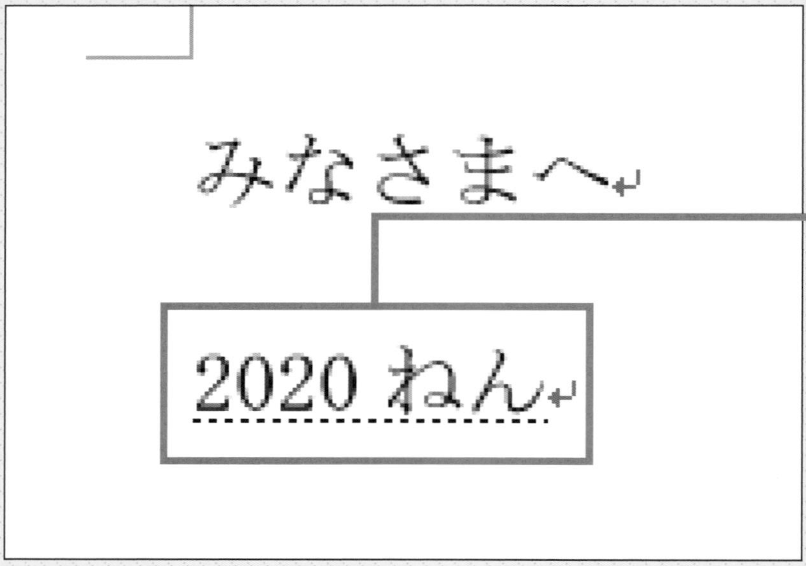

3 「2020ねん」と表示されました

4 [スペース] キーを押します

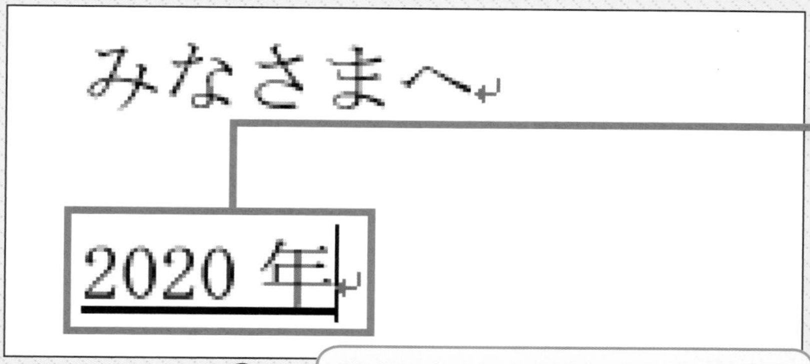

5 「2020年」と変換されました

6 続けて、4 G A T U とキーを押して、スペース キーを押します

! 変換したあと、続けて文字を入力すると、前の文字が確定されます

数字を全角(半角)にしたい場合は、さらに スペース キーを押して変換したい数字で Enter キーを押します

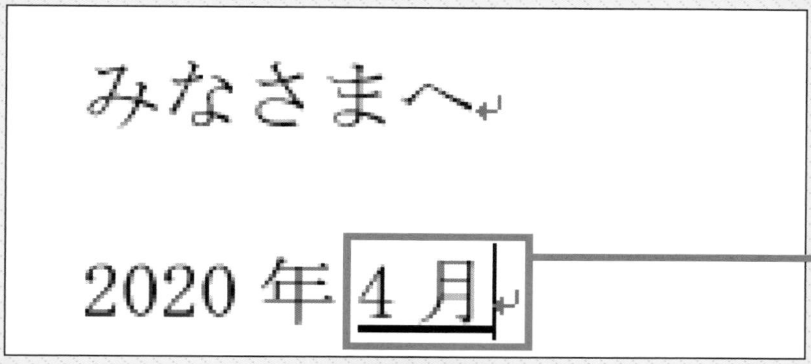

7 「4月」と変換されました

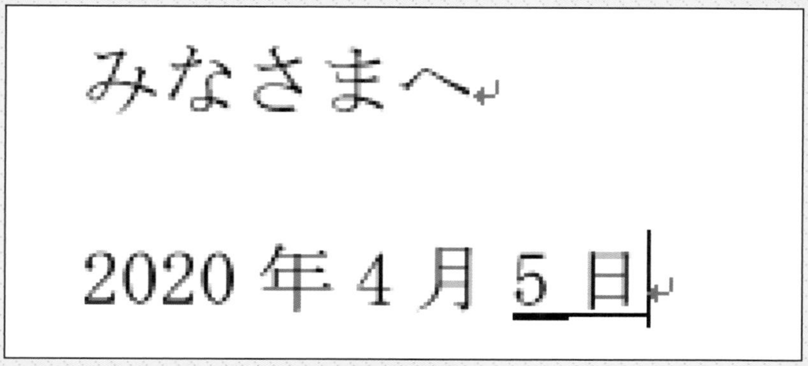

8 さらに 5 N I T I とキーを押して、スペース キーを押します

9 Enter《エンター》キーを押します

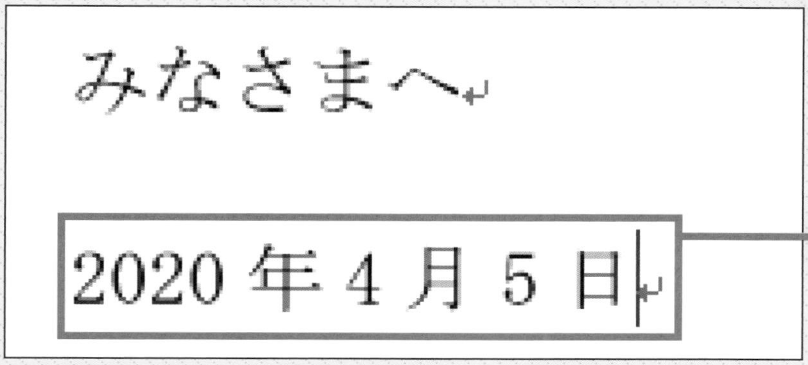

10 日付が入力されました

おわり

Section 14 文字を削除して修正しよう

削除したい文字の左側にカーソルを置いて、Deleteキーを押します。キーを押すたびに1文字ずつ削除されます。

●操作に迷ったときは…… 左クリック 11ページ　キー 14ページ　入力 40ページ

みなさまへ↵
2020年4月5日↵

1 ここを左クリックし|《カーソル》を移動します

2 Delete《デリート》キーを押します

! Deleteキーの場所は、14ページを参照してください

みなさまへ↵
2020年4月日↵

3 「5」の文字が消えました

ここでは、「5日」を「吉日」に修正します

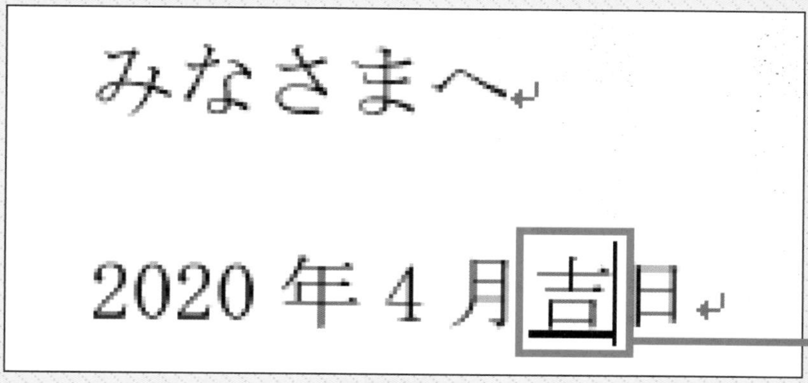

4 KITIの順にキーを押します

5 スペースを押すと「吉」と変換されました

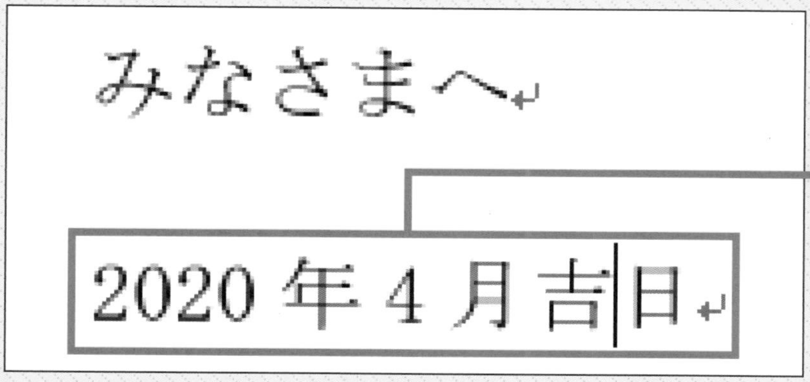

6 Enter《エンター》キーを押すと、入力が完了します

おわり

解説 BackSpaceキーで文字を削除する

DeleteキーのほかにBackSpaceキーでも文字を削除することができます。BackSpaceキーは、Iの位置より前（左）の文字を削除する場合に利用します。

1 I《カーソル》をここに移動して、BackSpace《バックスペース》キーを押します

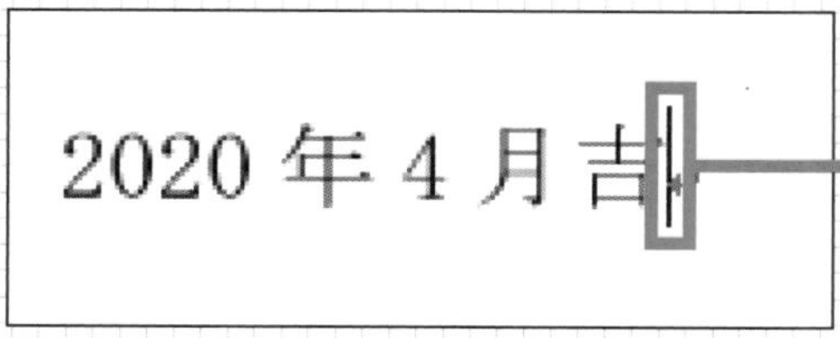

2 左にあった1文字が削除されました

Section 15 文書のタイトルを入力しよう

文書のタイトルは、文書の内容がわかりやすいものにするとよいでしょう。ここでは、「フラワーアレンジメント講座のご案内」と入力します。

●操作に迷ったときは…… キー 14ページ　入力 40ページ

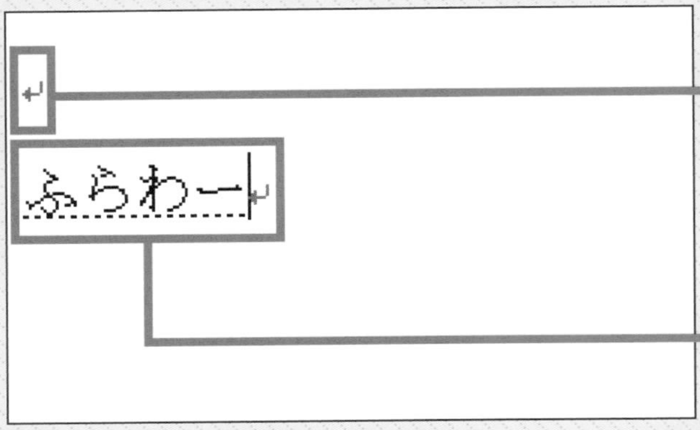
ふらわー

1 Enter《エンター》キーを押して1行あけます

2 HURAWA－とキーを押します

フラワー
カタカナも漢字と同様
に方法で変換します

3 スペースキーを押すと「フラワー」と変換されました

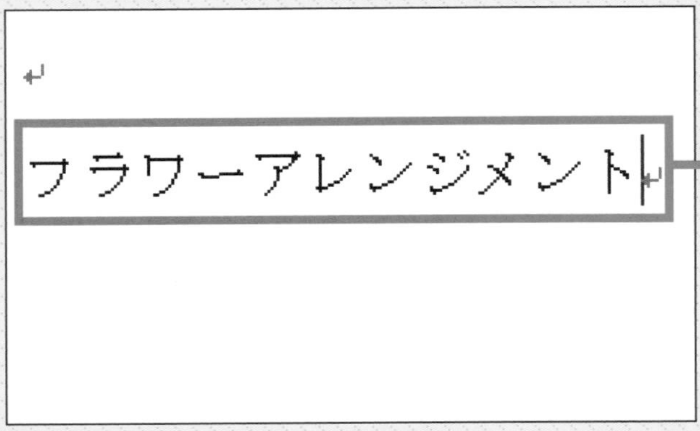
フラワーアレンジメント

4 同様に「アレンジメント」と入力し、Enter《エンター》キーを押します

5 KOUZANOとキーを押します

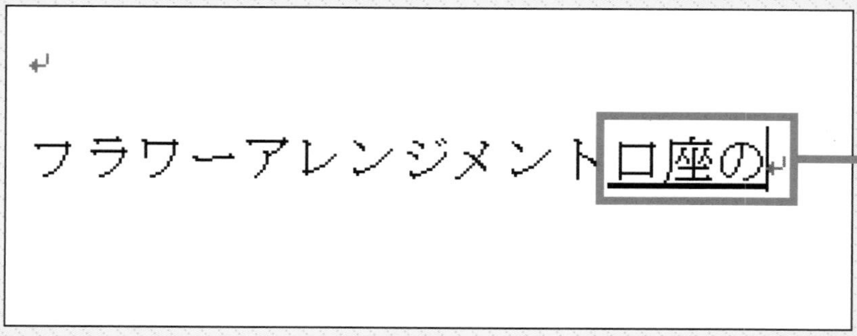

6 スペース キーを押すと、「口座の」と変換されました

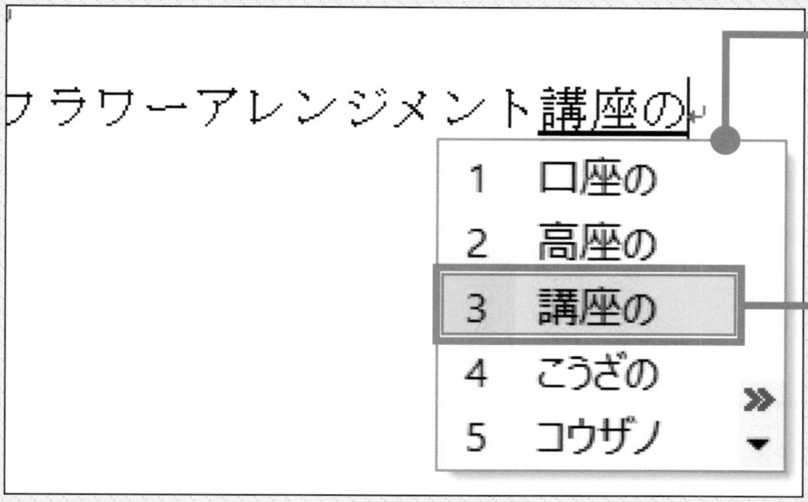

7 スペース キーを押すと、変換候補が表示されます

8 スペース キーを押して目的の文字まで移動し、Enter《エンター》を押します

! 変換候補は、パソコンを使っている間に変わります。↓キーでも移動できます

9 同様に「ご案内」を入力します

おわり

Column 予測候補から入力する

キーを押し始めると、自動的に候補が表示される場合があります。これを予測候補といい、ここから選択して入力することもできます。

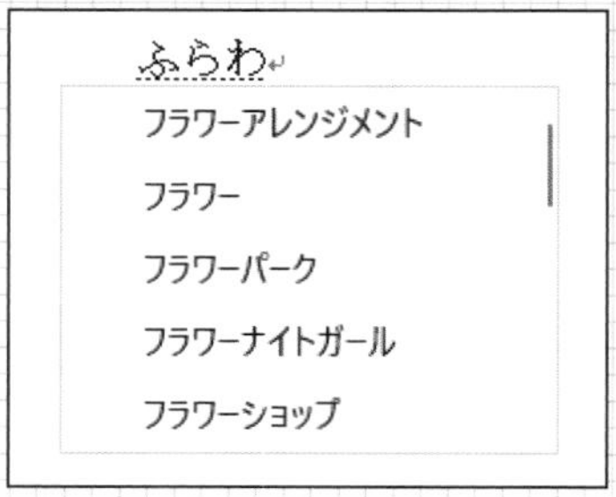

Section 16 本文の内容を入力しよう

漢字に変換したり、句読点を使って本文を入力してみましょう。単語や文節で区切りながら変換していくと、長い文章もスムーズに入力できます。

●操作に迷ったときは…… 左クリック 11ページ キー 14ページ 入力 40ページ

本文を入力しよう

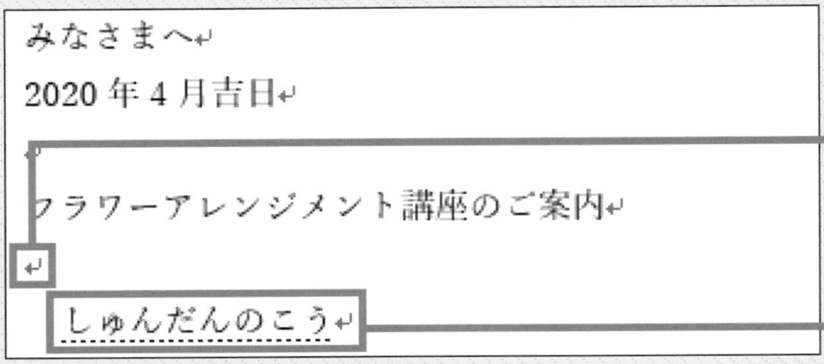
みなさまへ↵
2020年4月吉日↵
↵
フラワーアレンジメント講座のご案内↵
↵
しゅんだんのこう↵

1 改行して スペース キーを押します

2 S Y U N D A N N N O K O U とキーを押して、スペース キーを押します

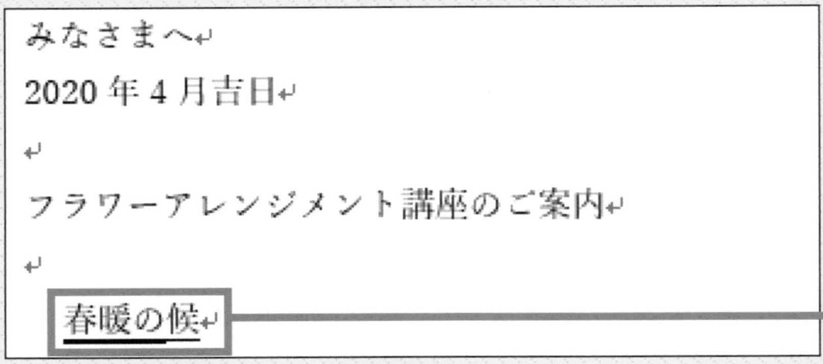
みなさまへ↵
2020年4月吉日↵
↵
フラワーアレンジメント講座のご案内↵
↵
春暖の候↵

3 「春暖の候」と変換されました

みなさまへ↵
2020年4
「、」を入力するには
<、ね キーを押します
↵
フラワーアレンジメント講座のご案内↵
↵
春暖の候、

4 「、」を入力して、Enter《エンター》 キーを押します

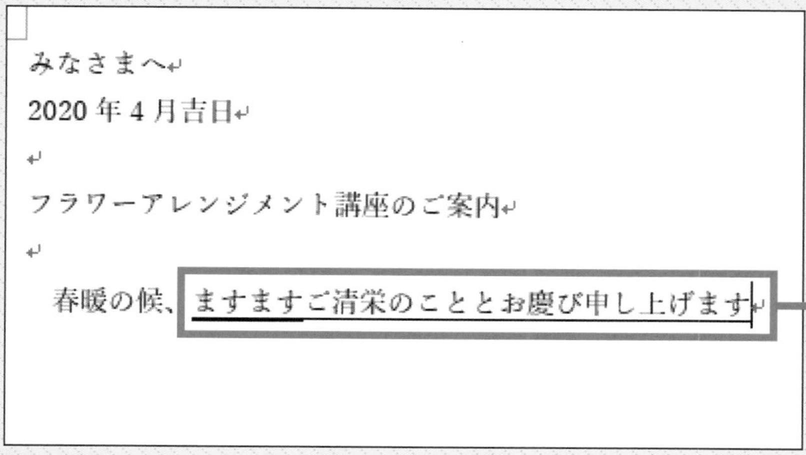
みなさまへ
2020 年 4 月吉日

フラワーアレンジメント講座のご案内

春暖の候、ますますご清栄のこととお慶び申し上げます

5 「ますます～申し上げます」と入力します

！「ますます」「ご清栄の」など文節単位で入力するとよいでしょう

「。」を入力するには 。る キーを押します

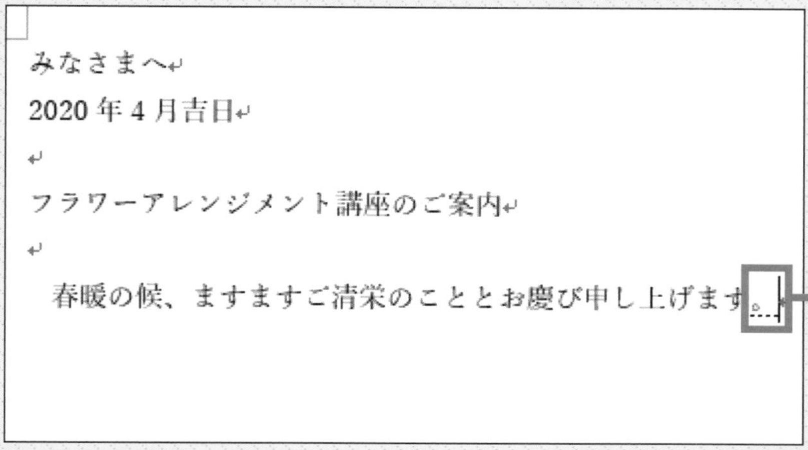
みなさまへ
2020 年 4 月吉日

フラワーアレンジメント講座のご案内

春暖の候、ますますご清栄のこととお慶び申し上げます。

6 「。」を入力して Enter《エンター》 キーを押します

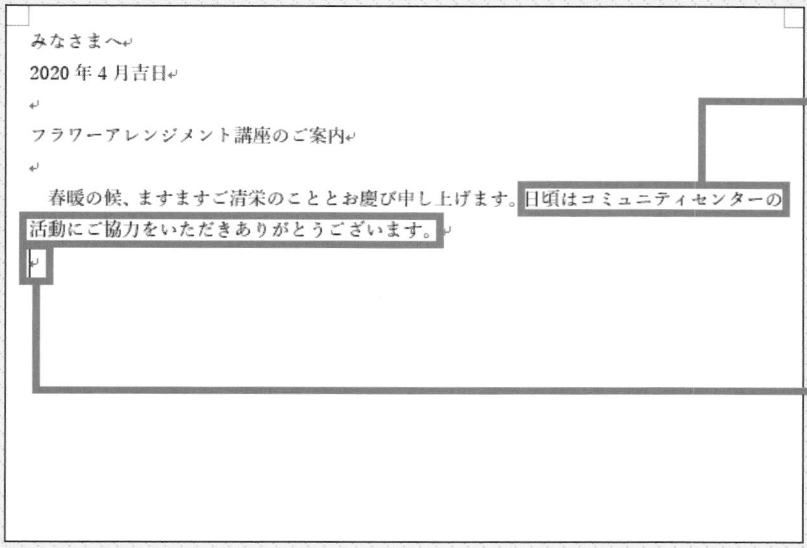
みなさまへ
2020 年 4 月吉日

フラワーアレンジメント講座のご案内

春暖の候、ますますご清栄のこととお慶び申し上げます。日頃はコミュニティセンターの活動にご協力をいただきありがとうございます。

7 続けて、「日頃は～ありがとうございます。」と入力して、Enter《エンター》 キーを押します

8 Enter《エンター》 キーを押して改行します

次へ

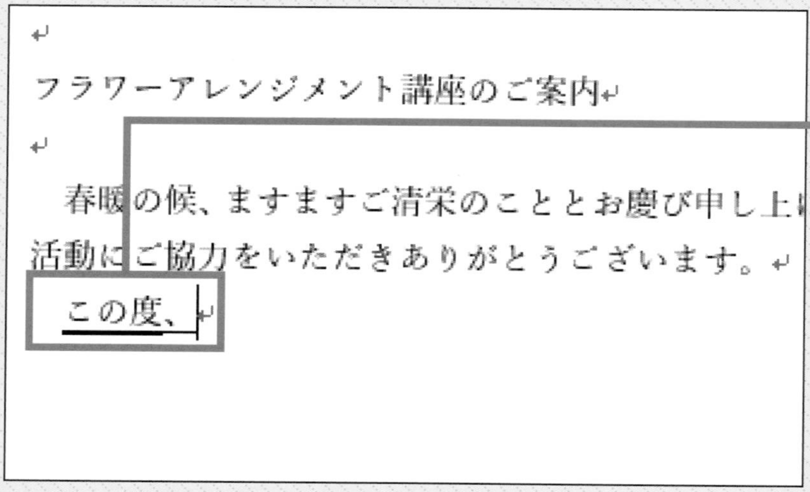
フラワーアレンジメント講座のご案内
春暖の候、ますますご清栄のこととお慶び申し上
活動にご協力をいただきありがとうございます。
この度、

9 スペース キーを押して、「この度、」と入力します

! どのキーを押せばいいかわからなくなったら、本書の表紙裏の「ローマ字・かな対応表」を参照してください

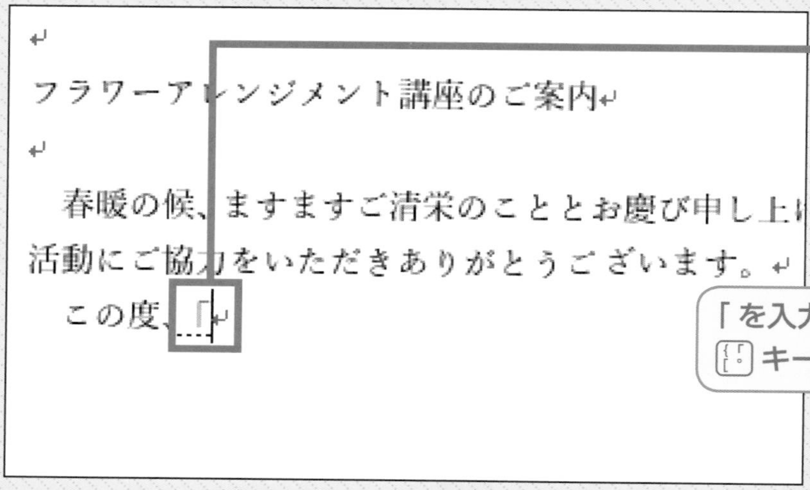
フラワーアレンジメント講座のご案内
春暖の候、ますますご清栄のこととお慶び申し上
活動にご協力をいただきありがとうございます。
この度、「

10 「を入力します

「を入力するには
キーを押します

11 「フラワーアレンジメント講座」と入力します

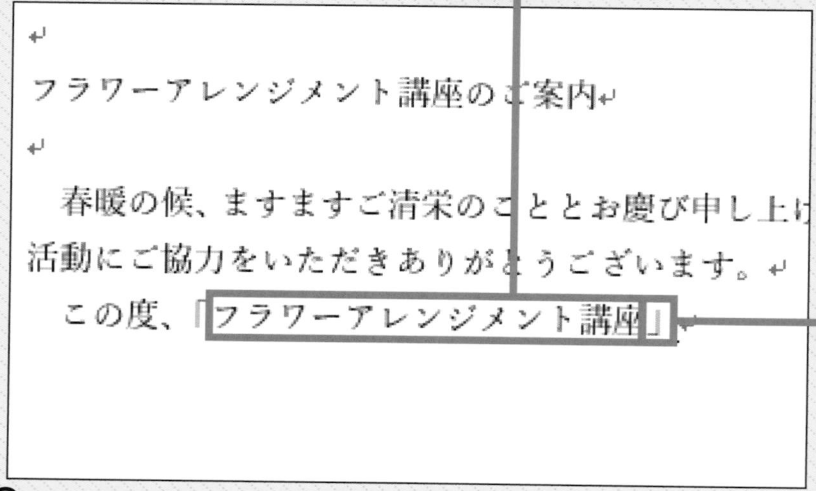
フラワーアレンジメント講座のご案内
春暖の候、ますますご清栄のこととお慶び申し上
活動にご協力をいただきありがとうございます。
この度、「フラワーアレンジメント講座」

12 」を入力して、Enter《エンター》キーを押します

! 」を入力するには を押します

残りの文章を入力しよう

1 「を開設～目的としています。」までの文章を入力します

2 改行して［スペース］キーを押し、「初めての方～ご参加ください。」までの文章を入力します

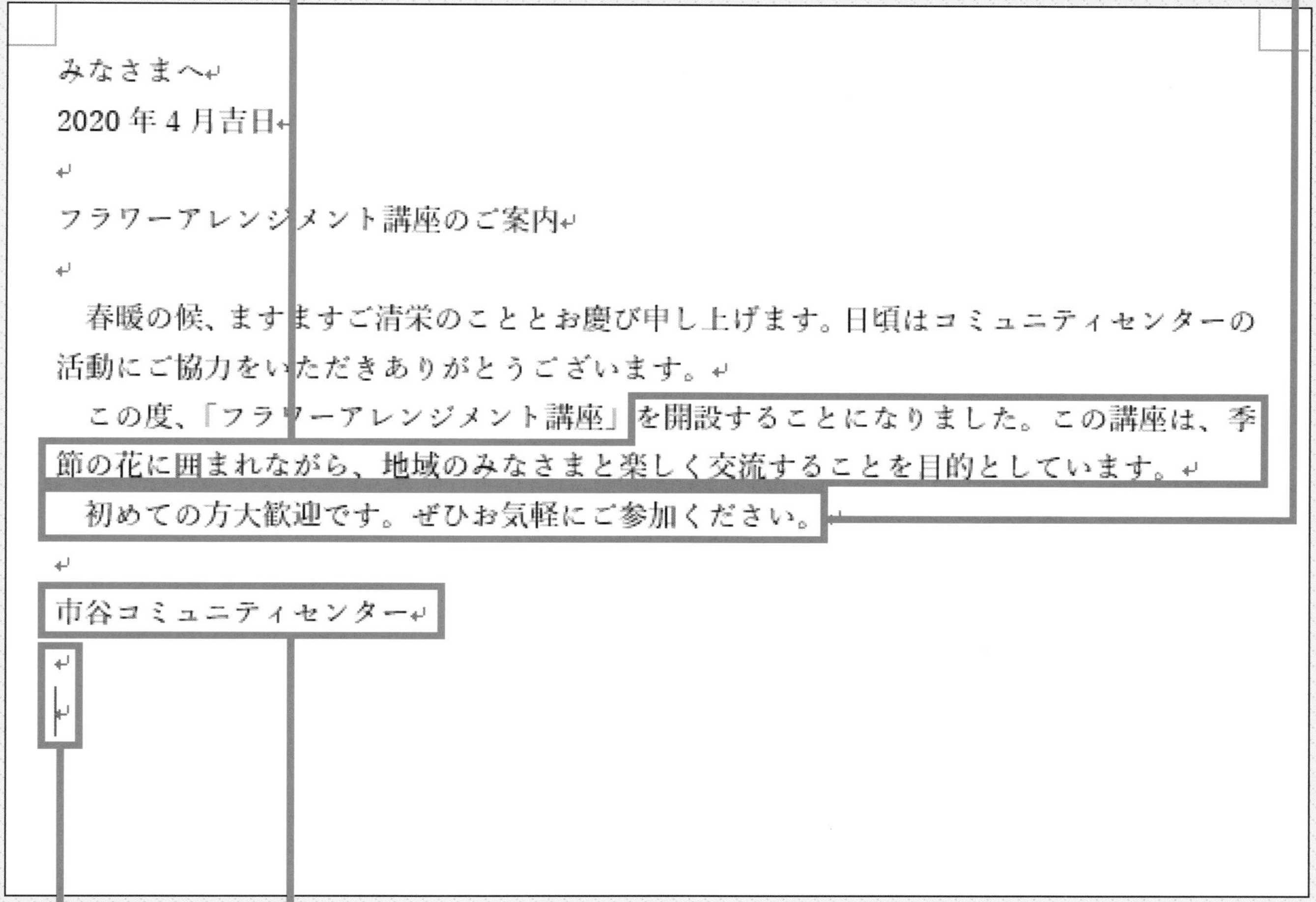
みなさまへ↵
2020年4月吉日↵
↵
フラワーアレンジメント講座のご案内↵
↵
　春暖の候、ますますご清栄のこととお慶び申し上げます。日頃はコミュニティセンターの活動にご協力をいただきありがとうございます。↵
　この度、「フラワーアレンジメント講座」を開設することになりました。この講座は、季節の花に囲まれながら、地域のみなさまと楽しく交流することを目的としています。↵
　初めての方大歓迎です。ぜひお気軽にご参加ください。↵
↵
市谷コミュニティセンター↵
↵
↵

3 改行して「市谷コミュニティセンター」と入力します

4 ［Enter《エンター》］キーを押して2行分あけます

「コミュニティ」は［K］［O］［M］［Y］［U］［N］［I］［T］［H］［I］とキーを押します

おわり

Section 17 記書きを入力しよう

案内文書などでは、「記」のあとに案内の詳細を記載します。ワードには、「記」を入力すると自動的に「以上」が表示される機能があります。

●操作に迷ったときは…… キー 14ページ 入力 40ページ

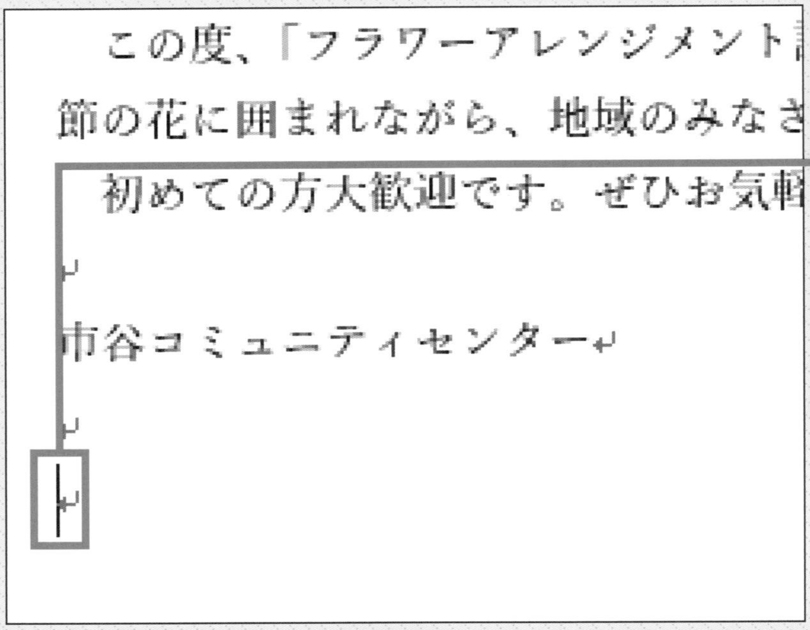

この度、「フラワーアレンジメント
節の花に囲まれながら、地域のみな
初めての方大歓迎です。ぜひお気
市谷コミュニティセンター

1 ｜《カーソル》の位置を確認します

2 K I の順にキーを押します

入力する場所が
わからなくなったら、
53ページを参照してください

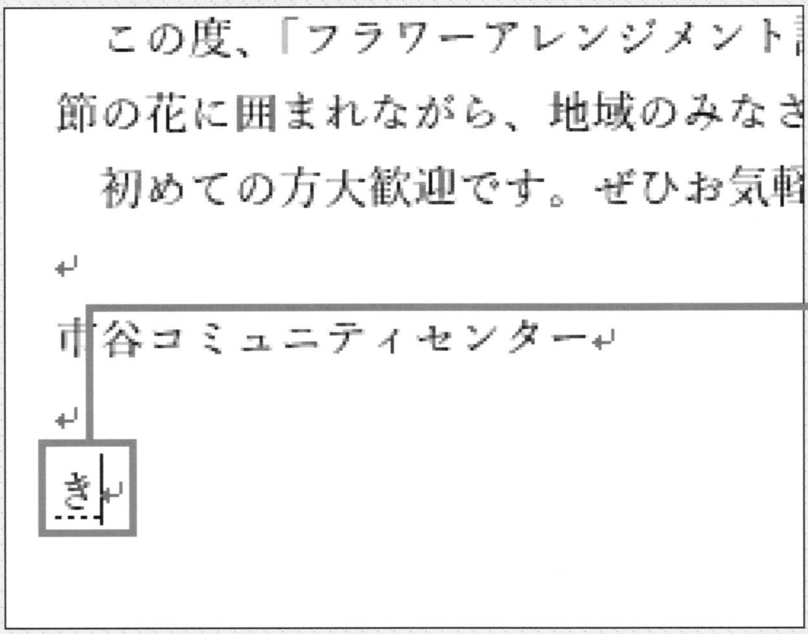

この度、「フラワーアレンジメント
節の花に囲まれながら、地域のみな
初めての方大歓迎です。ぜひお気
市谷コミュニティセンター
き

3 「き」と表示されました

4 スペース キーを2回押します

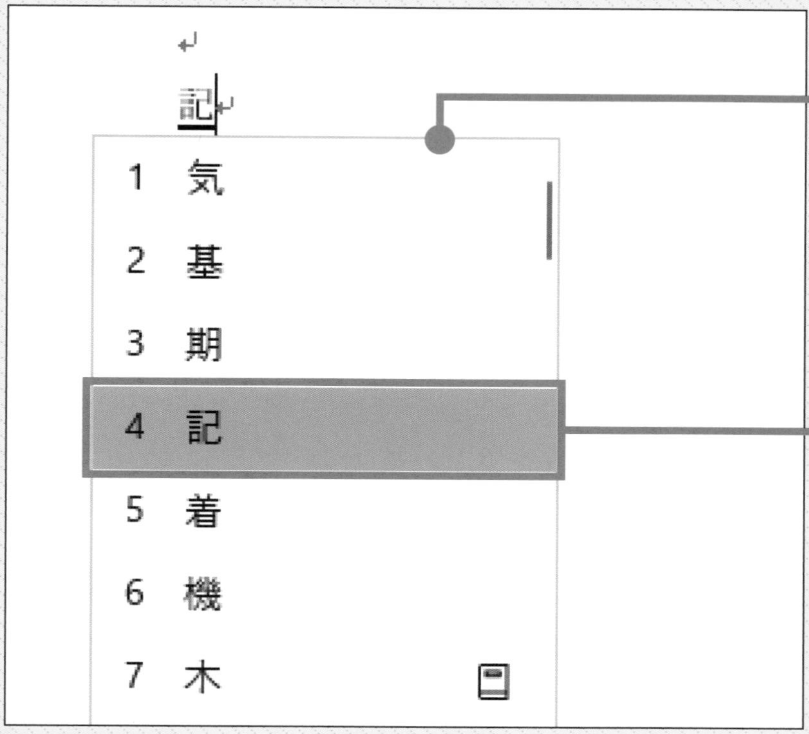
記
1 気
2 基
3 期
4 記
5 着
6 機
7 木

5 変換候補が表示されました

6 スペース キーを何度か押して「記」に移動します

7 Enter《エンター》キーを押します

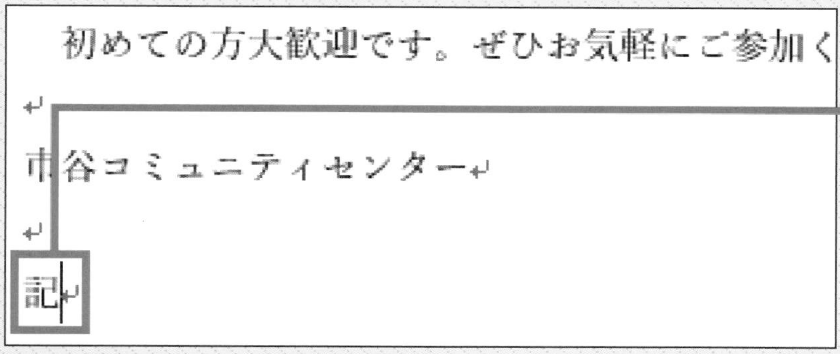
初めての方大歓迎です。ぜひお気軽にご参加く
市谷コミュニティセンター
記

8 再度Enter《エンター》キーを押します

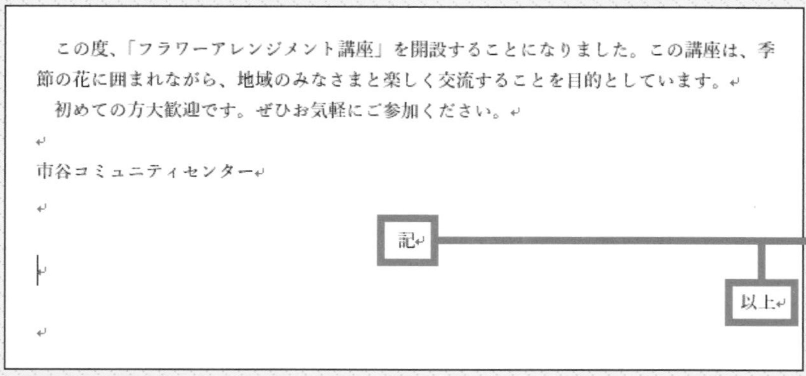
この度、「フラワーアレンジメント講座」を開設することになりました。この講座は、季節の花に囲まれながら、地域のみなさまと楽しく交流することを目的としています。
初めての方大歓迎です。ぜひお気軽にご参加ください。
市谷コミュニティセンター
記
以上

9 「記」が中央揃えになり、「以上」が入力されました

「記」と入力して改行すると、
「以上」が自動的に入力される機能を
「オートフォーマット」といいます

おわり

Section 18 箇条書きを入力しよう

案内文書では、日時や場所など詳細な内容を箇条書きで書くと見やすくなります。ここでは、「：」や「（）」などの入力もしてみましょう。

●操作に迷ったときは……　左クリック 11ページ　キー 14ページ　入力 46ページ

「開催日」の行を入力しよう

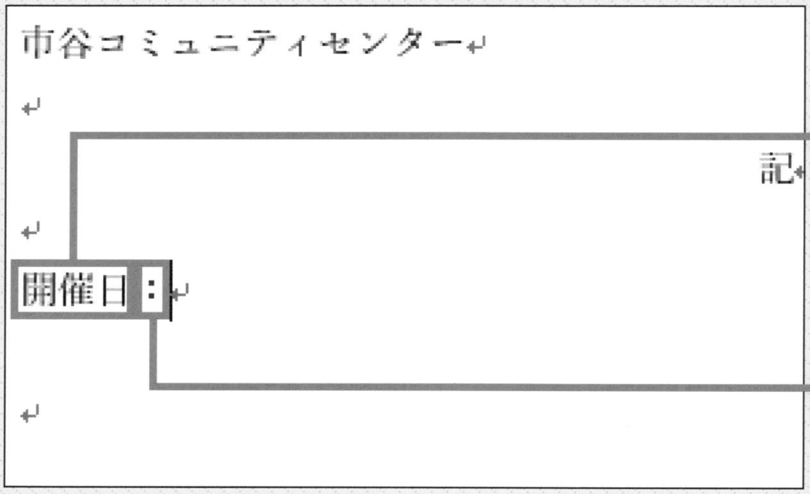

1 改行して「開催日」と入力します

2 「：」と入力します

「：」を入力するには ＊：け キーを押します

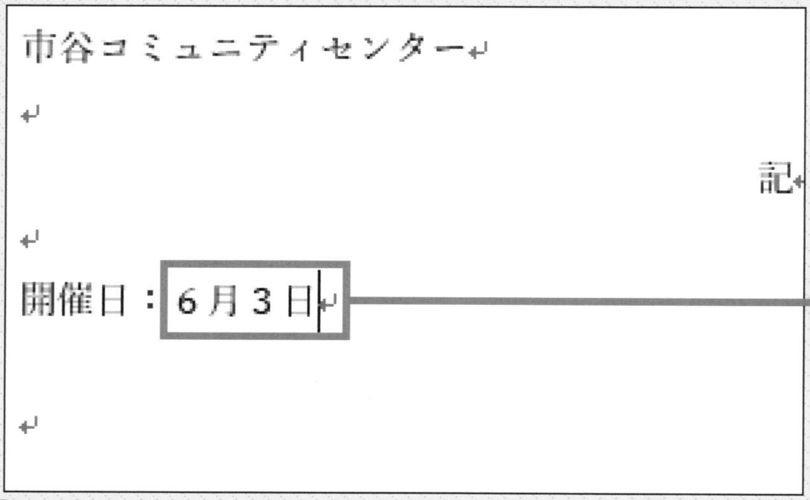

3 日付を入力します

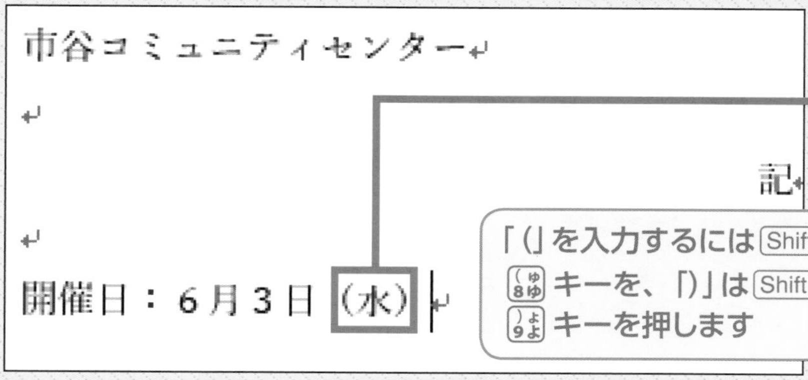

4 「（水）」と入力します

「(」を入力するにはShiftキーを押したまま8キーを、「)」はShiftキーを押したまま9キーを押します

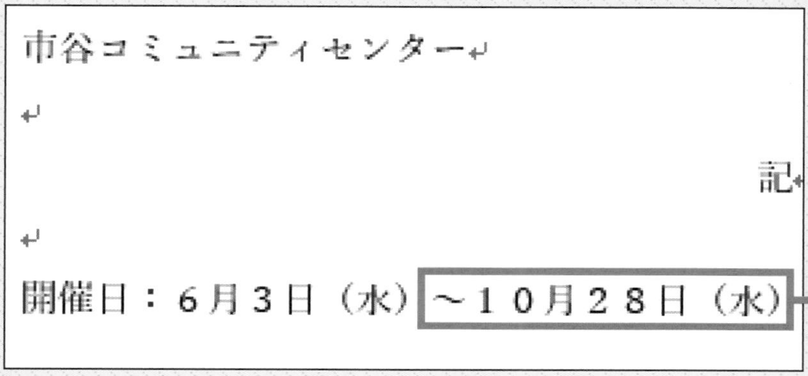

5 「～」と「10月28日（水）」を入力します

! 「～」を入力するにはShiftキーを押したまま へ キーを押します

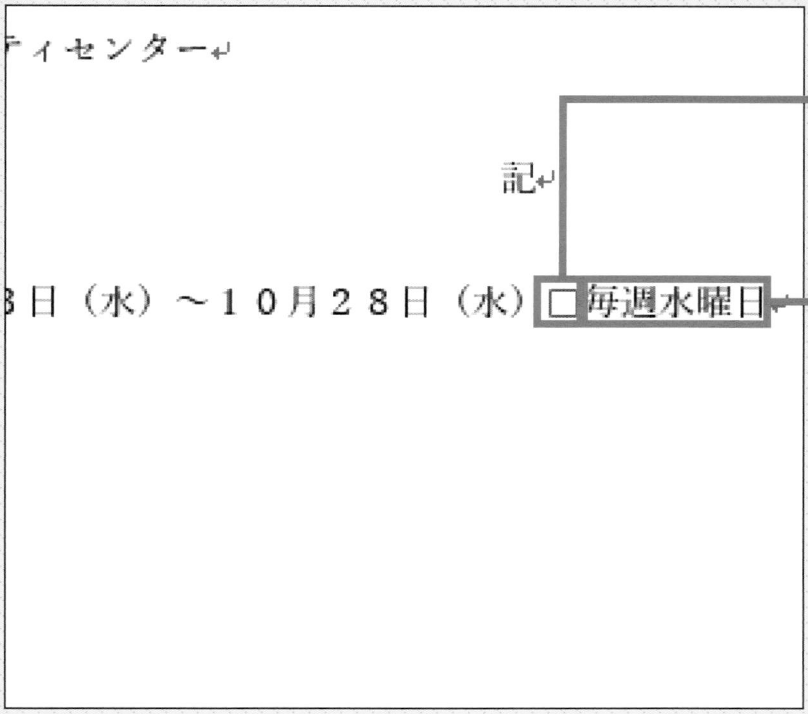

6 スペース キーを押して1文字分空白を入れます

7 「毎週水曜日」と入力します

! ここでは、ホーム タブの <編集記号の表示／非表示>を左クリックして、□（スペース）を表示させています

次へ

各項目の行を入力しよう

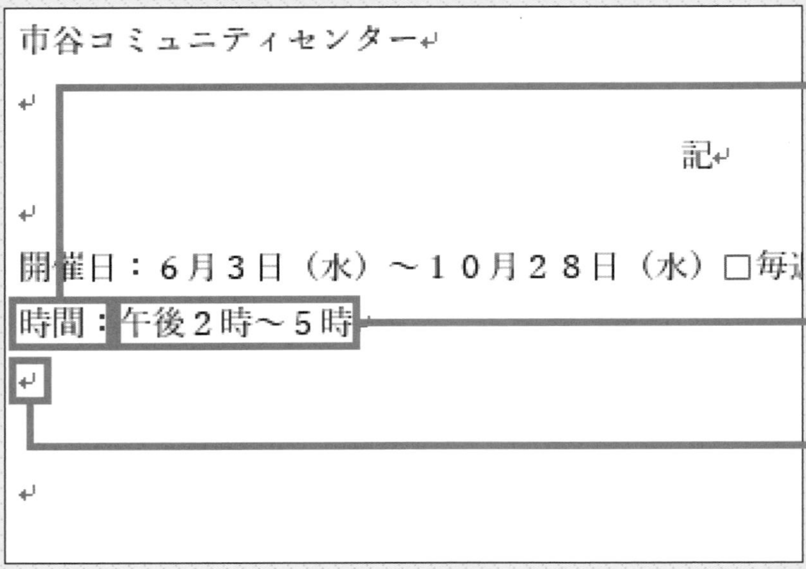

1 改行して「時間：」と入力します

2 「午後2時～5時」と入力します

3 Enter《エンター》キーを押して改行します

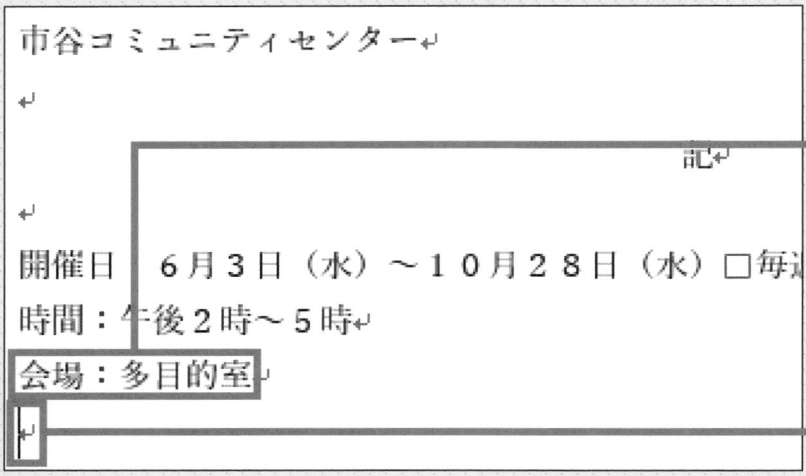

4 「会場：多目的室」と入力します

5 Enter《エンター》キーを押して改行します

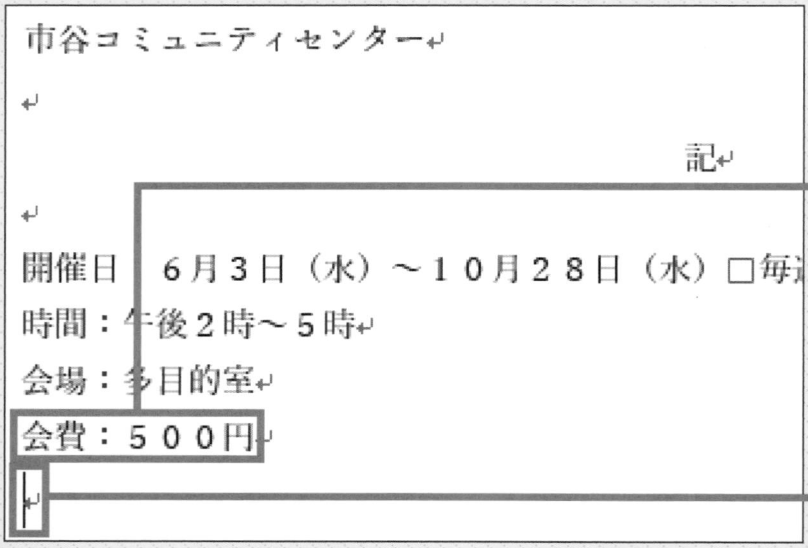

6 「会費：500円」と入力します

7 Enter《エンター》キーを押して改行します

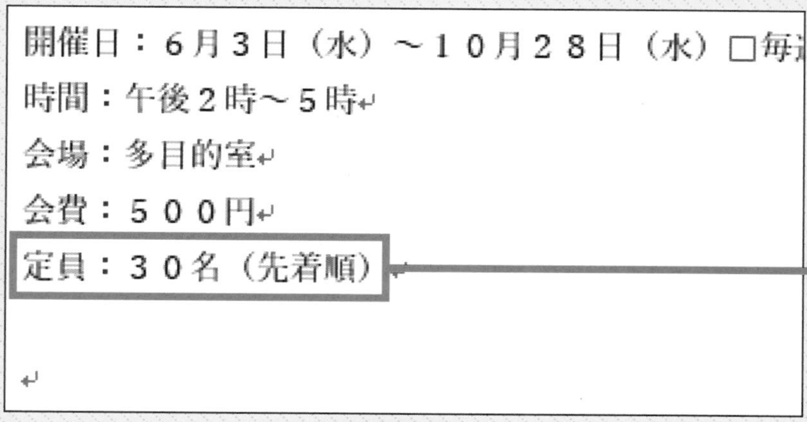

8 「定員：30名（先着順）」と入力します

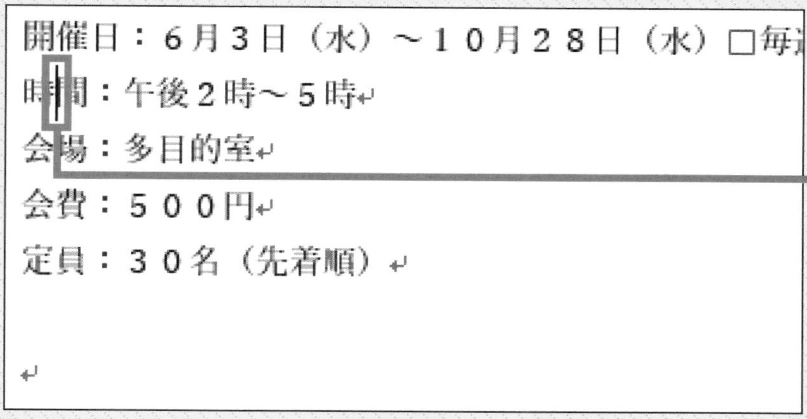

9 ここを左クリックして |《カーソル》 を移動します

10 スペース キーを押します

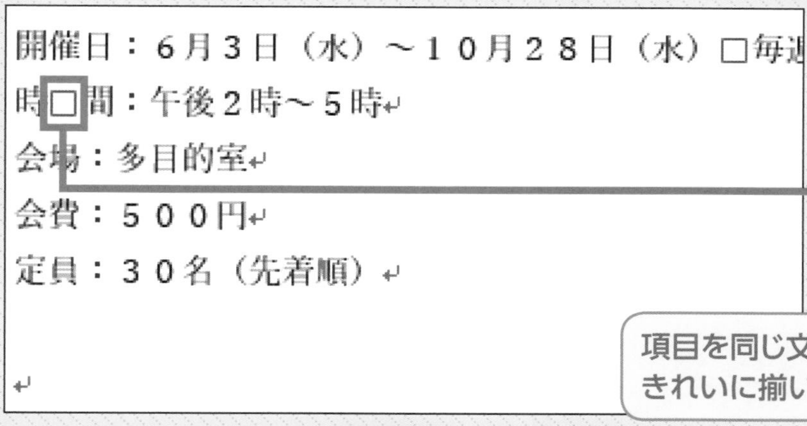

11 １文字分空白が入ります

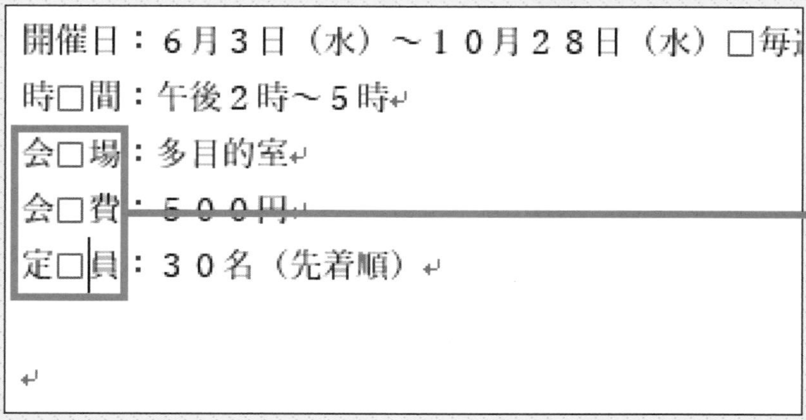

12 ほかの行も空白を入れます

おわり

Section 19 記号を入力しよう

ここでは、注意書きなどに使われる「※」印を入力しましょう。ワードでは、「こめ」と読みを変換すると入力することができます。

●操作に迷ったときは…… 左クリック 11ページ　キー 14ページ　入力 40ページ

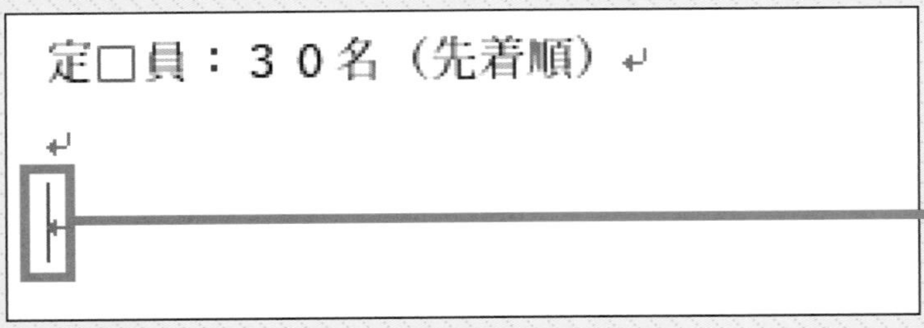

1 改行して K O M E とキーを押します

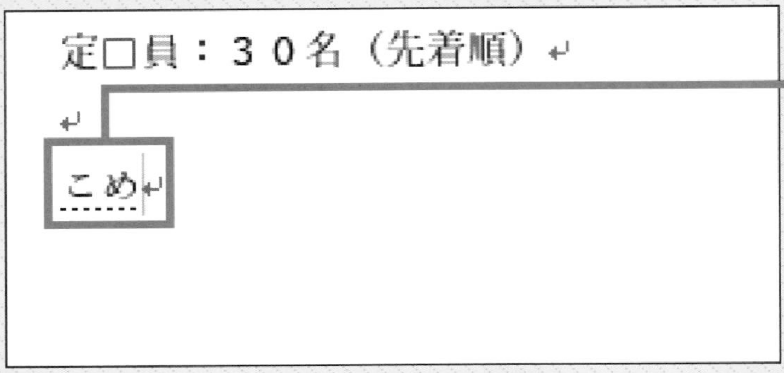

2 「こめ」と表示されました

3 スペース キーを2回押します

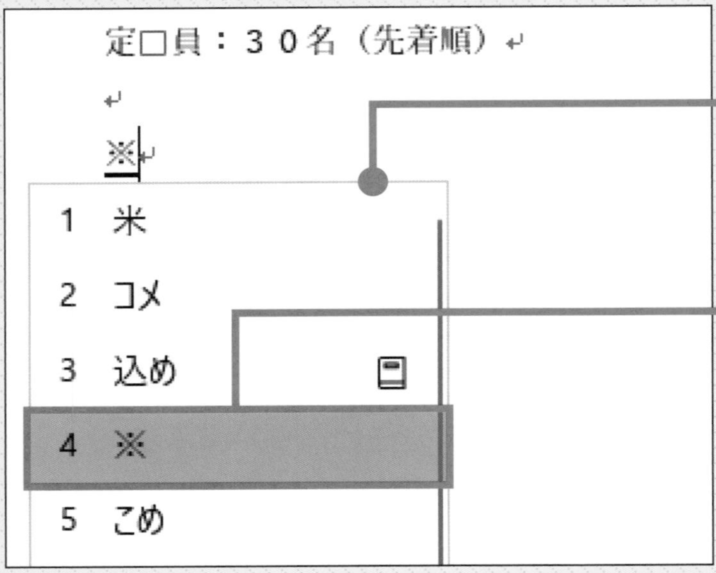

4 変換候補を表示します

5 スペース キーを押して「※」に移動します

6 Enter《エンター》キーを押します

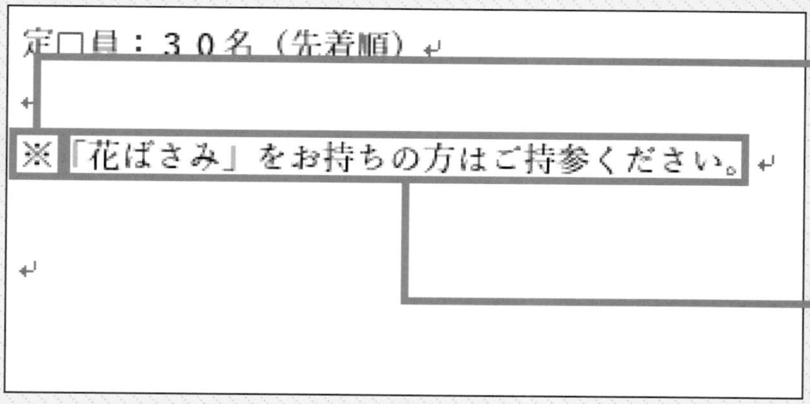
定□員：３０名（先着順）
※「花ばさみ」をお持ちの方はご持参ください。

7 「※」が入力されました

8 文章を入力します

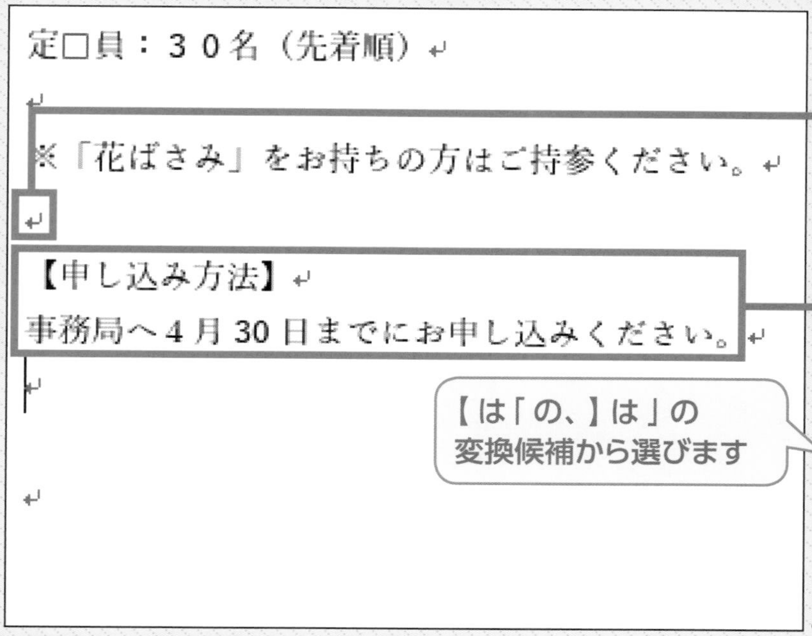
定□員：３０名（先着順）
※「花ばさみ」をお持ちの方はご持参ください。
【申し込み方法】
事務局へ４月30日までにお申し込みください。

9 Enter《エンター》キーを押して改行します

10 文章を入力します

【は「の、」は」の変換候補から選びます

おわり

Column 入力できる記号のいろいろ

記号には、○や■、☆、〒などいろいろな種類があります。単純な記号を入力する場合は、形や名称を読みにして変換することができます。

記号	読み
●○◎	まる
□◆◇	しかく
☆★＊	ほし
〒	ゆうびん

Section 20 アルファベットを入力しよう

アルファベットを入力する場合は、半角英数入力モードに切り替えます。英字のキーを押すとそのアルファベットが直接入力されます。

●操作に迷ったときは…… キー 14ページ 入力 40ページ

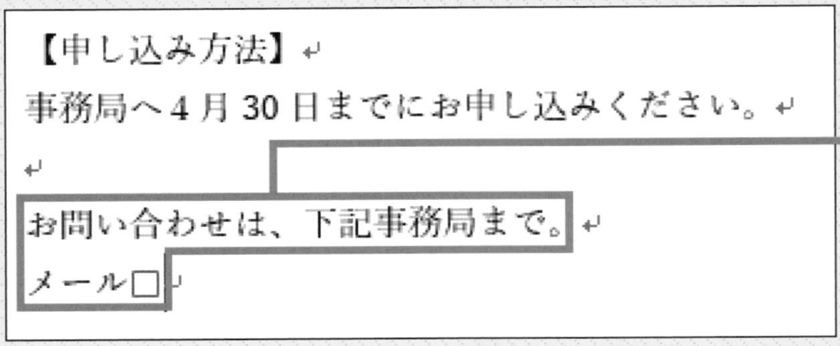
【申し込み方法】↵
事務局へ4月30日までにお申し込みください。↵
↵
お問い合わせは、下記事務局まで。↵
メール□↵

1 文章を入力します

2 半角/全角キーを押して、入力モードを A にします

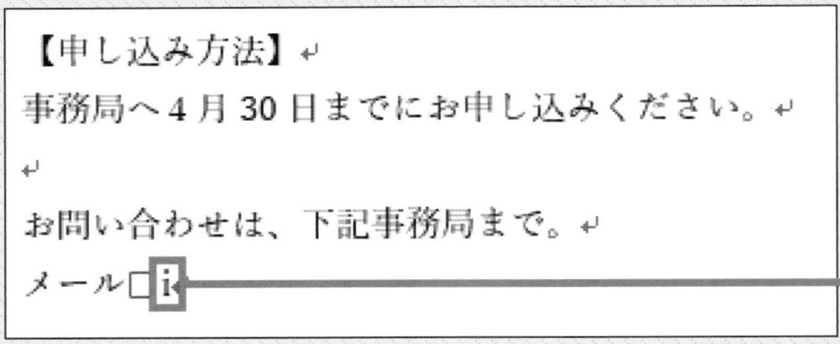
【申し込み方法】↵
事務局へ4月30日までにお申し込みください。↵
↵
お問い合わせは、下記事務局まで。↵
メール□i↵

3 I のキーを押します

4 「i」と小文字が入力されます

大文字が入力された場合は Shift キーを押しながら Caps キーを1回押します

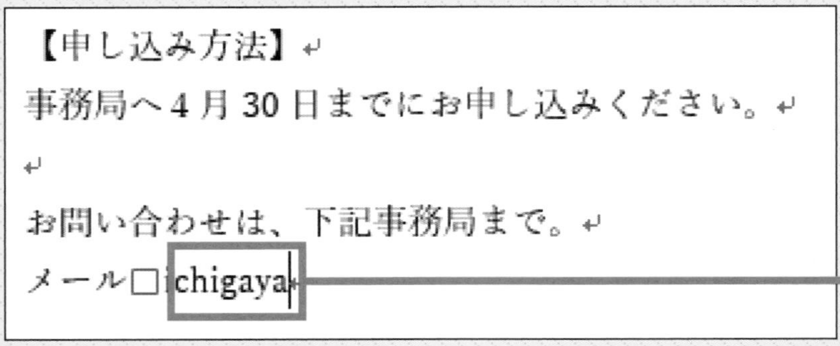
【申し込み方法】↵
事務局へ4月30日までにお申し込みください。↵
↵
お問い合わせは、下記事務局まで。↵
メール□ichigaya↵

5 続けて「chigaya」と入力します

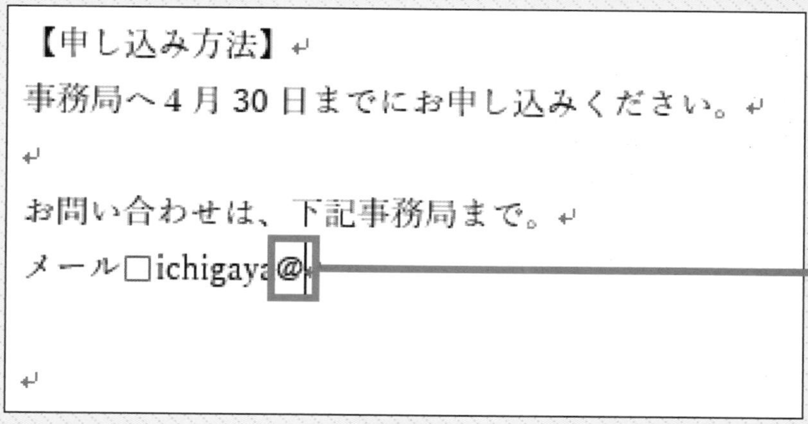
【申し込み方法】
事務局へ4月30日までにお申し込みください。

お問い合わせは、下記事務局まで。
メール□ichigaya@

6 「@」を入力します

! @は @ キーを押します

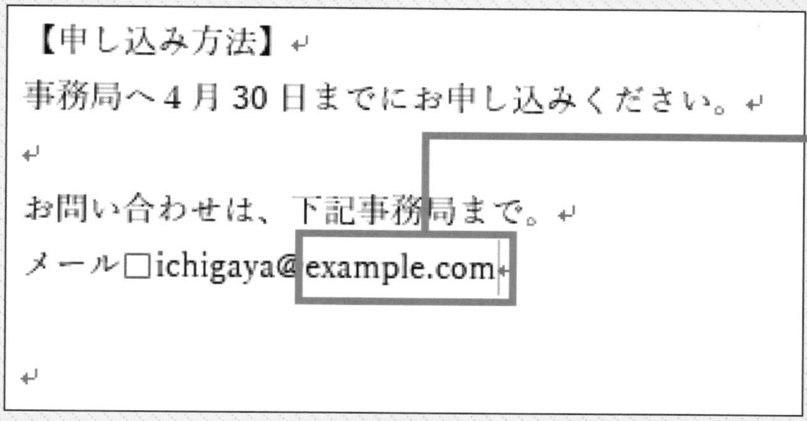
【申し込み方法】
事務局へ4月30日までにお申し込みください。

お問い合わせは、下記事務局まで。
メール□ichigaya@example.com

7 「exsample.com」と入力して、Enter《エンター》キーを押します

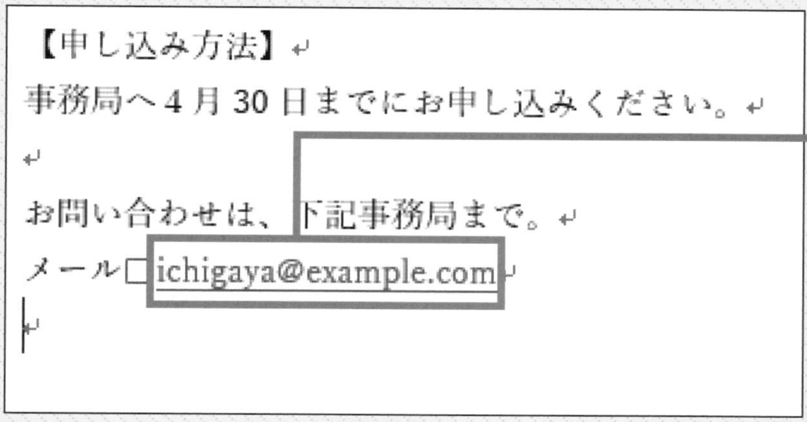
【申し込み方法】
事務局へ4月30日までにお申し込みください。

お問い合わせは、下記事務局まで。
メール□ichigaya@example.com

8 青字になり下線が引かれました

9 Backspace《バックスペース》キーを押します

! この対処方法については157ページを参照してください

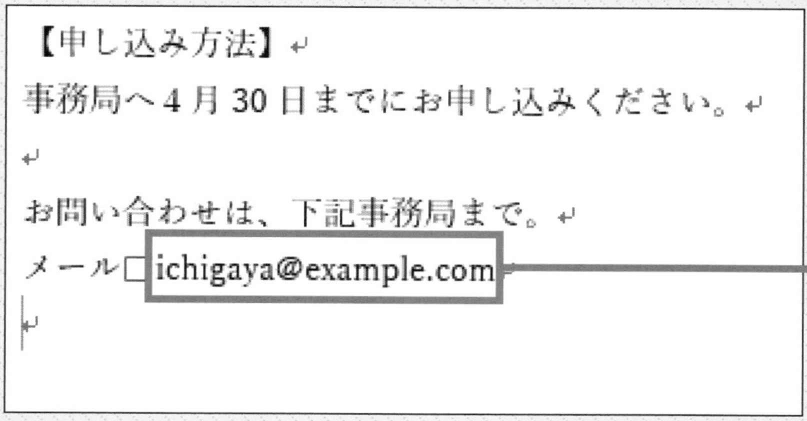
【申し込み方法】
事務局へ4月30日までにお申し込みください。

お問い合わせは、下記事務局まで。
メール□ichigaya@example.com

10 黒字になりました

おわり

Section 21 ひとつ前の操作に戻そう

文字を入力したり、削除したりしたあとに、ひとつ前の操作を取り消してもとに戻すことができます。さらに、その前の操作を取り消すことも可能です。

●操作に迷ったときは…… 左クリック 11ページ キー 14ページ

1 ここに|《カーソル》を移動します

2 BackSpace《バックスペース》キーを2回押します

3 「下記」が削除されました

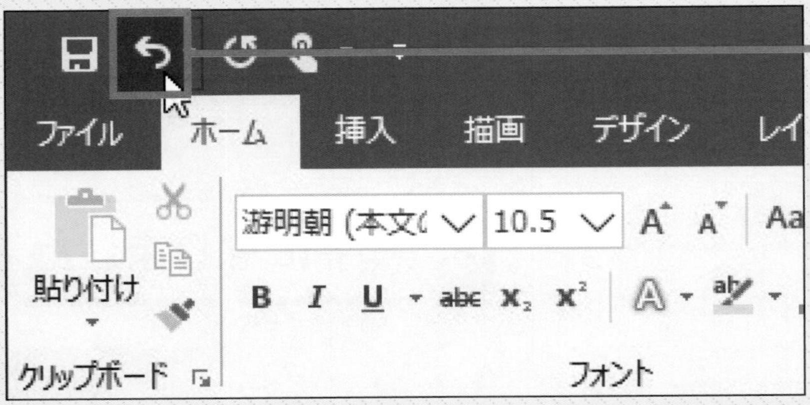

4 元に戻す を左クリックします

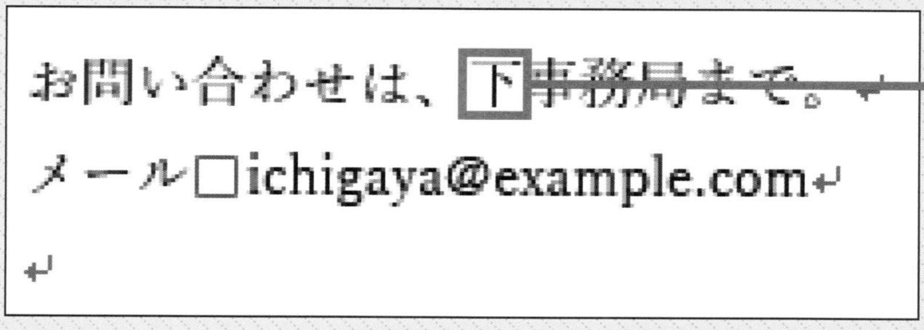

5 1文字戻りました

6 再度 元に戻す を左クリックします

7 削除する前の状態に戻りました

おわり

解説 複数の操作を戻す

クイックアクセスツールバーにある ↶ の ▾ を左クリックすると、それまでに行った操作が一覧になって表示されます。↓キーで操作を指定すると、その状態以降の操作が取り消されて、もとに戻すことができます。
なお、↷ は ↶ で戻した操作を再び実行する際に用います。

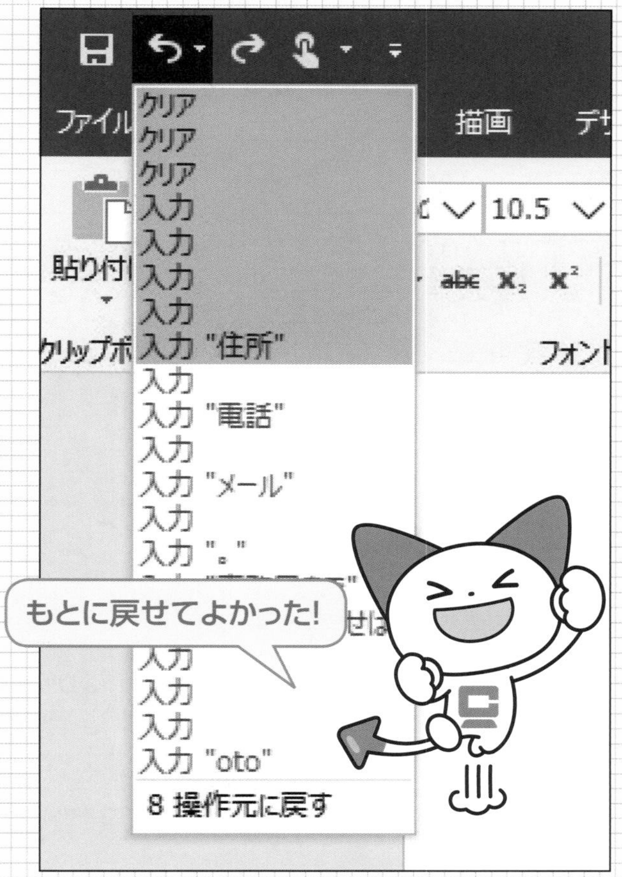

Section 22 文字を選択しよう

文章が入力できたら、文字に対する操作を覚えましょう。文字を選択すると、その文字をコピーしたり、移動したり編集することができます。

●操作に迷ったときは……
左クリック 11ページ　ドラッグ 12ページ

文字を選択しよう

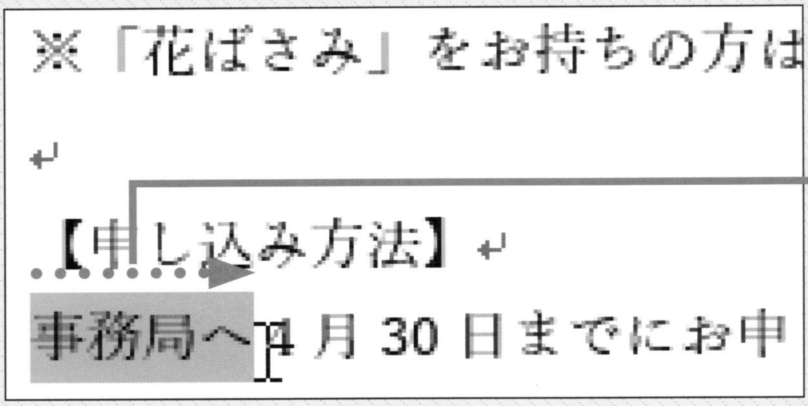
※「花ばさみ」をお持ちの方は
【申し込み方法】
事務局へ 4 月 30 日までにお申

1 選択する文字をドラッグします

! 文字の上でダブルクリックすると、単語を選択できます

2 マウスのボタンを離します

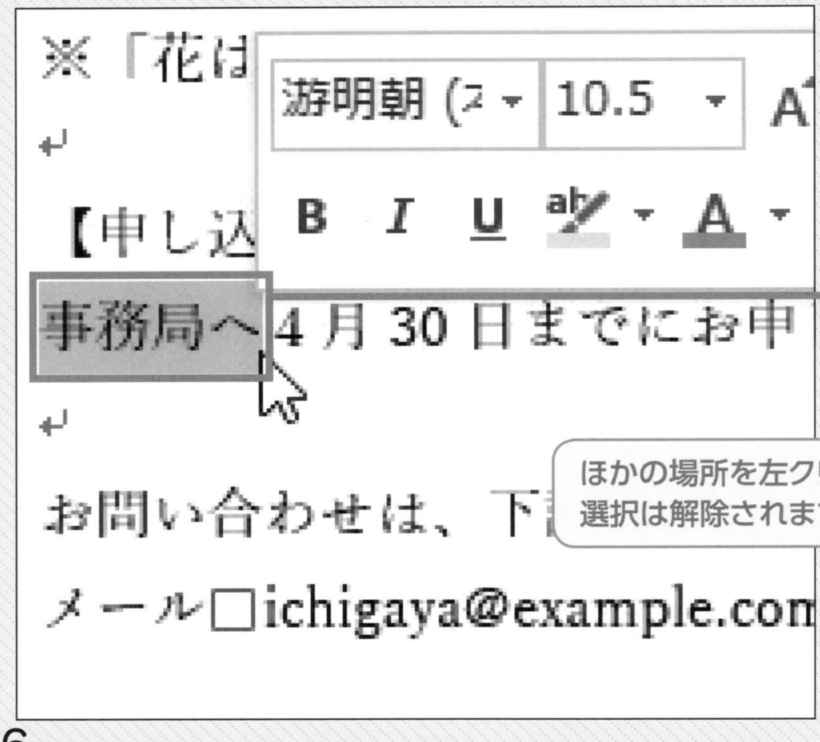
※「花は
【申し込
事務局へ 4 月 30 日までにお申
お問い合わせは、下
メール□ichigaya@example.com
游明朝 (ス
10.5
B
I
U

3 文字が選択された状態になりました

ほかの場所を左クリックすると、選択は解除されます

行を選択しよう

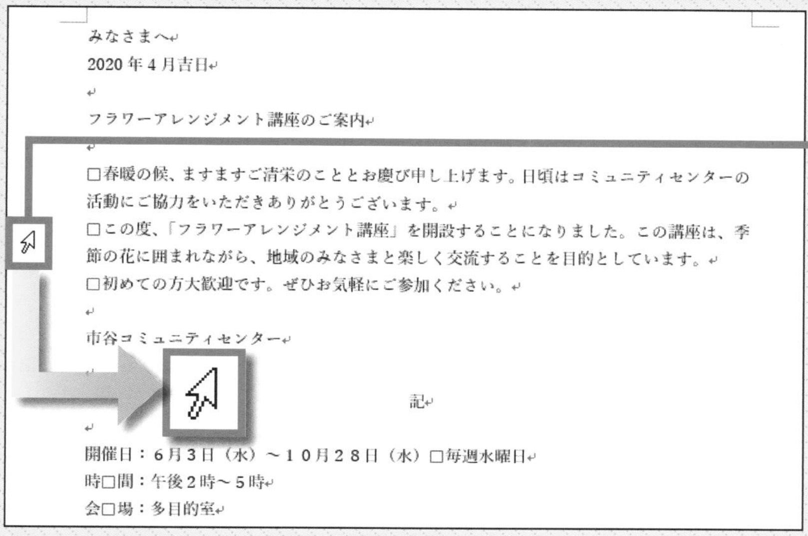

1 行の左側の余白に《ポインター》を移動すると、に変わります

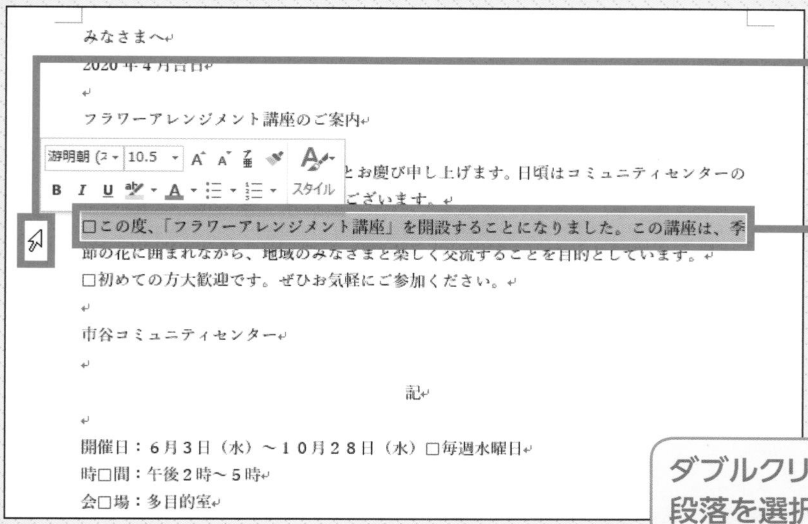

2 左クリックします

3 行が選択されました

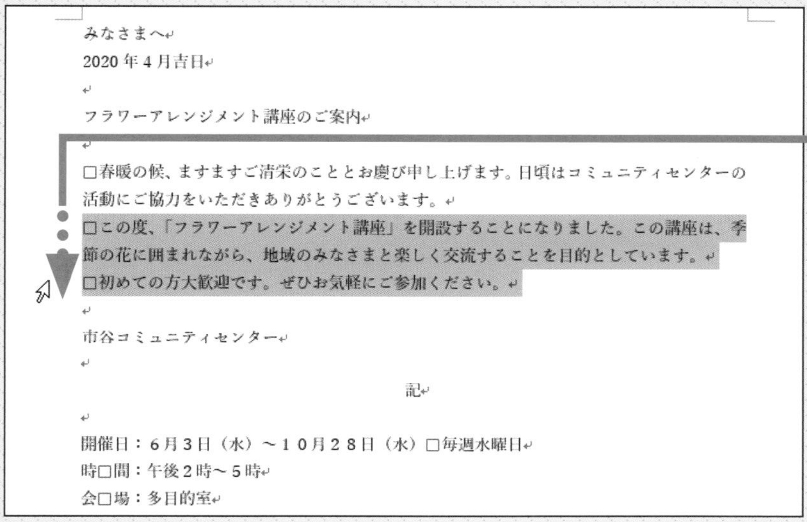

4 そのまま下へドラッグすると、複数の行を選択できます

おわり

Section

23 文字をコピーしよう

66ページの方法で文字を選択して、ほかの場所へコピーします。同じ文字を入力したい場合に、キーボードから入力しなくても済みます。

●操作に迷ったときは……
左クリック 11ページ　ドラッグ 12ページ　入力 40ページ

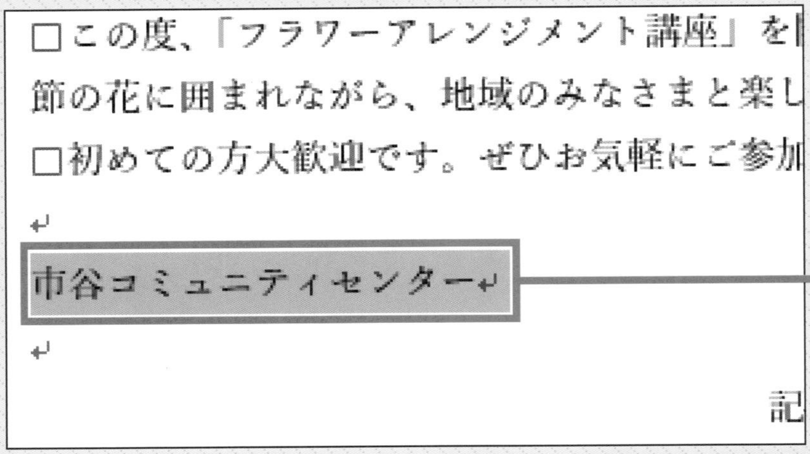

1 コピーする文字をドラッグして選択します

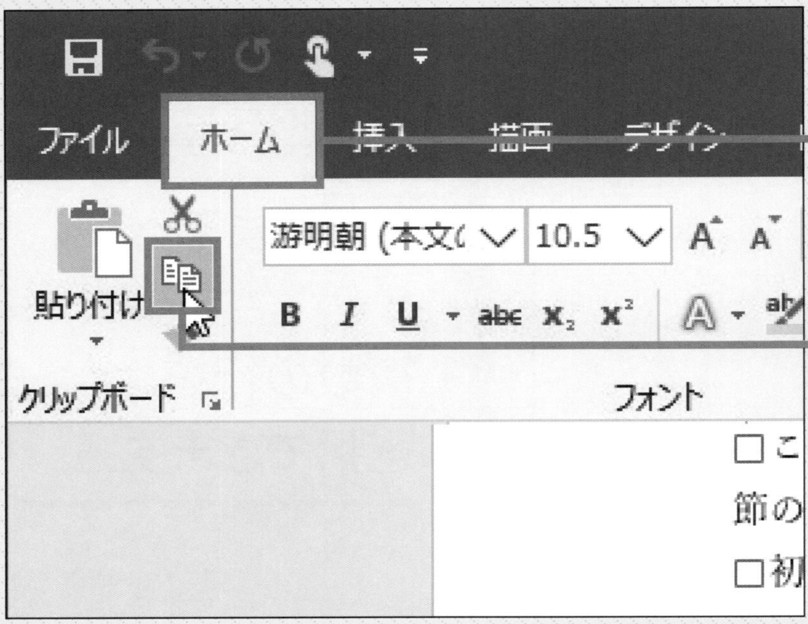

2 ホーム を左クリックします

3 《コピー》を左クリックします

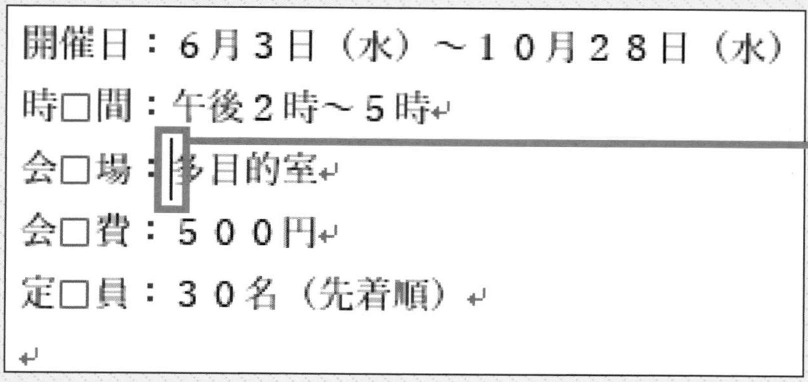
開催日：６月３日（水）～１０月２８日（水）
時□間：午後２時～５時
会□場：多目的室
会□費：５００円
定□員：３０名（先着順）

4 コピーしたい位置を左クリックして|《カーソル》を移動します

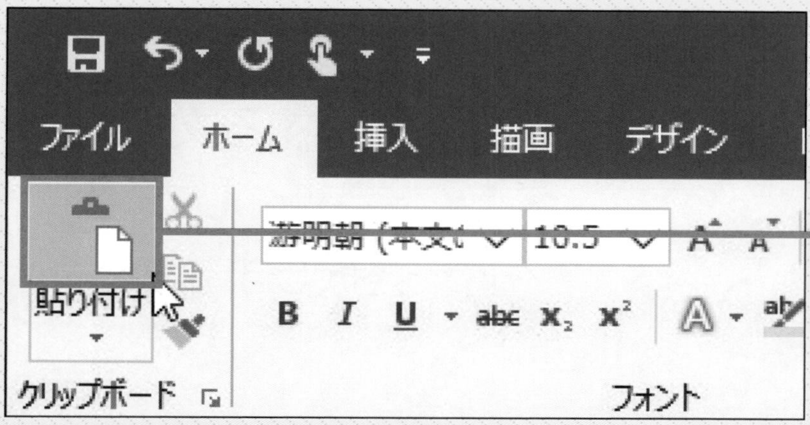
ファイル
ホーム
挿入
描画
デザイン
貼り付け
游明朝 (本文
10.5
クリップボード
フォント

5 《貼り付け》を左クリックします

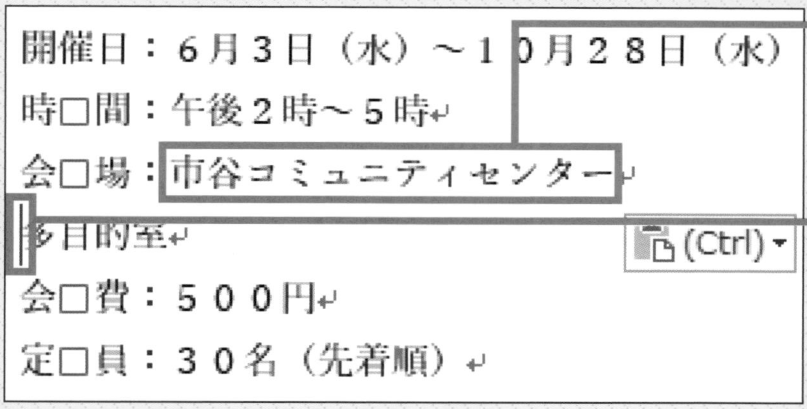
開催日：６月３日（水）～１０月２８日（水）
時□間：午後２時～５時
会□場：市谷コミュニティセンター
多目的室
(Ctrl)
会□費：５００円
定□員：３０名（先着順）

6 文字がコピーされました

7 文字が改行されてしまいました

8 BackSpace《バックスペース》キーを押します

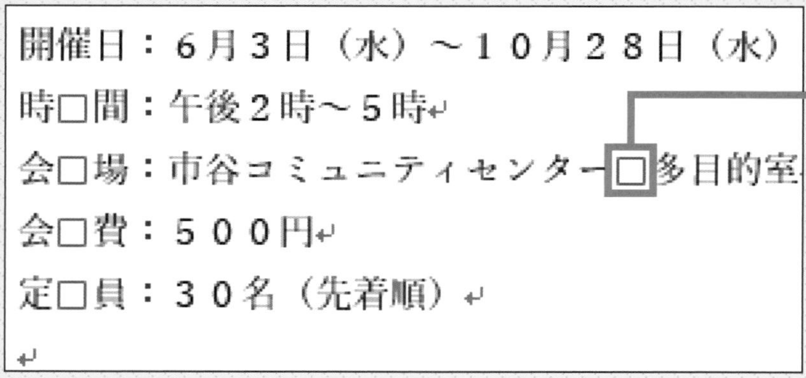
開催日：６月３日（水）～１０月２８日（水）
時□間：午後２時～５時
会□場：市谷コミュニティセンター□多目的室
会□費：５００円
定□員：３０名（先着順）

9 スペースキーを押して１文字分あけます

おわり

Section 24 文字を移動しよう

「文字の移動」とは、選択した文字をその場所から切り取って、ほかの場所に移す（貼り付ける）ことです。

●操作に迷ったときは…… 左クリック 11ページ ドラッグ 12ページ

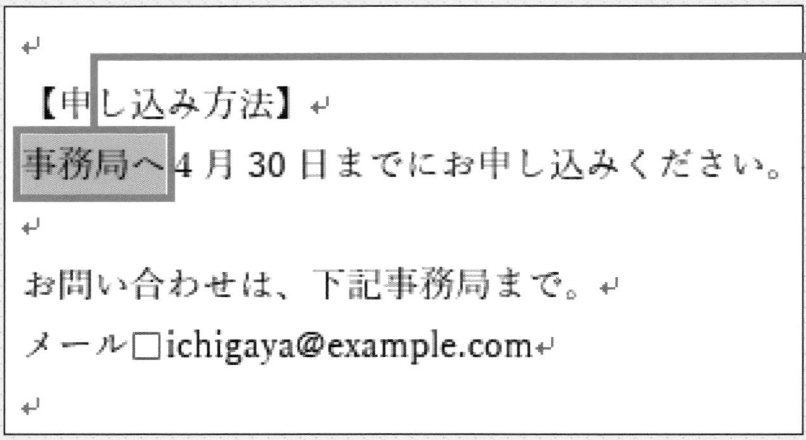

1 移動する文字をドラッグして選択します

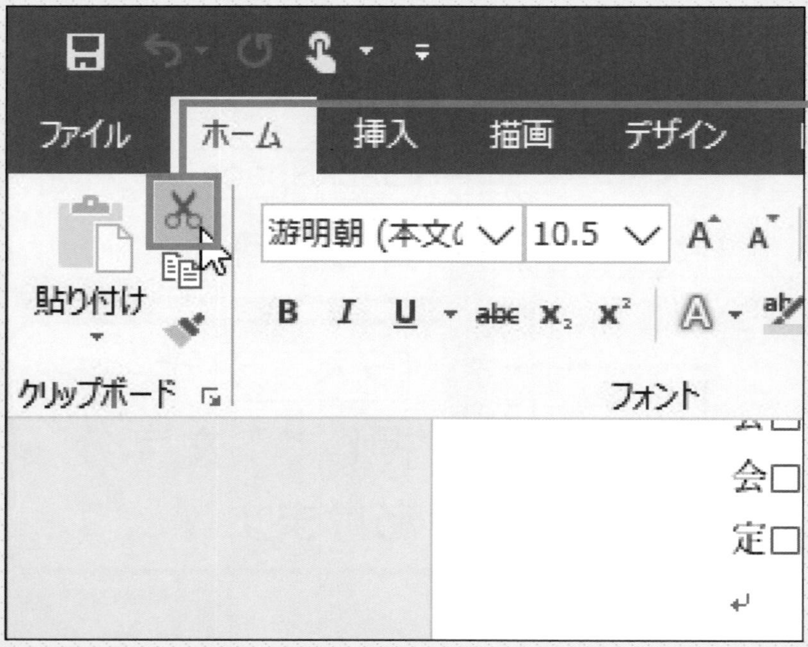

2 切り取り を左クリックします

ホーム タブが表示されていない場合は、ホーム を左クリックします

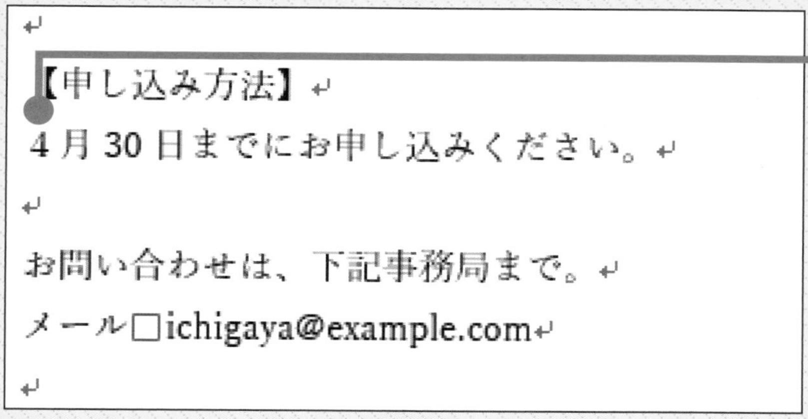
【申し込み方法】
4 月 30 日までにお申し込みください。
お問い合わせは、下記事務局まで。
メール□ichigaya@example.com

3 文字が
切り取られました

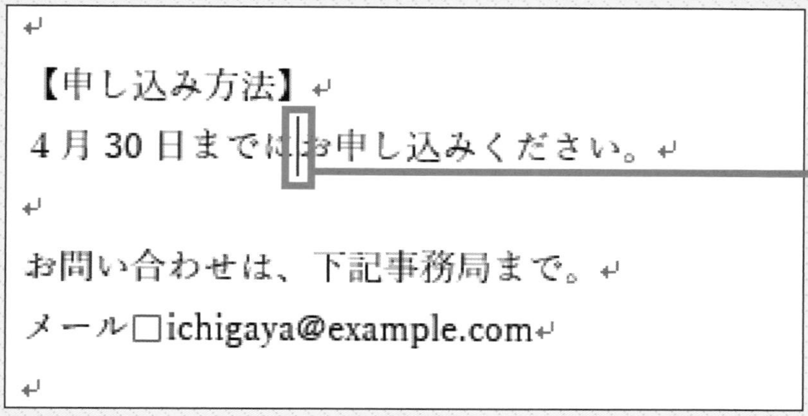
【申し込み方法】
4 月 30 日までにお申し込みください。
お問い合わせは、下記事務局まで。
メール□ichigaya@example.com

4 「に」の後ろに
｜《カーソル》を移動し、
左クリックします

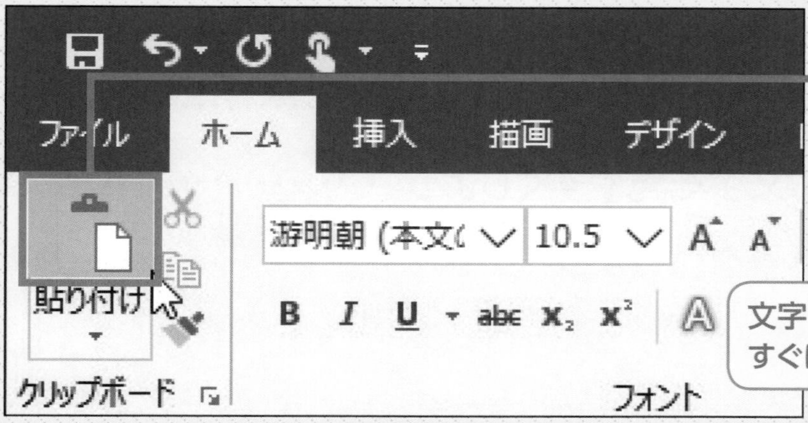
ファイル
ホーム
挿入
描画
デザイン
貼り付け
游明朝 (本文(
10.5
クリップボード
フォント

5 《貼り付け》を
左クリックします

文字を切り取ったら
すぐに貼り付けましょう

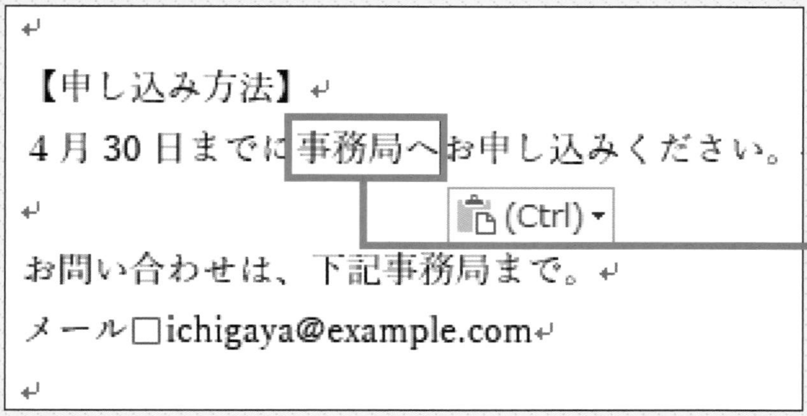
【申し込み方法】
4 月 30 日までに事務局へお申し込みください。
(Ctrl)
お問い合わせは、下記事務局まで。
メール□ichigaya@example.com

6 文字が
移動しました

おわり

第3章

文書の見た目を整えよう

文書ができたら、全体の体裁を整えます。ワードには、文字の配置、文字の種類や大きさを変更したり、下線や色、影などを付けたりする編集機能が用意されています。文書にメリハリを付け、見やすく、見栄えのよい文書にしましょう。

この章でできるようになること

みなさまへ

2020年4月吉日

フラワーアレンジメント

講座のご案内

春暖の候、ますますご清栄のこととお慶び申し上げます。日頃はコミュニティセンターの活動にご協力をいただきありがとうございます。

この度、「フラワーアレンジメント講座」を開設することになりました。この講座は、季節の花に囲まれながら、地域のみなさまと楽しく交流することを目的としています。

初めての方大歓迎です。ぜひお気軽にご参

記

- 開催日：**6月3日（水）～10月28日（水）　毎週水曜日**
- 時　間：**午後2時～5時**
- 会　場：市谷コミュニティセンター　多目的室
- 会　費：500円
- 定　員：30名（先着順）

※「花ばさみ」をお持ちの方はご持参ください。

事務局へ

まで。

le.com

以上

文字を右や中央に揃えることができます（74～77ページ）
文字の種類や大きさを変えたり、文字を目立たせるような効果を付けることができます（78～89ページ）
箇条書きに記号を付けることもできます（94ページ）

Section 25 文字を右に揃えよう

文書では、日付などは右に揃えるのが一般的です。通常は「両端揃え」になっている文字を、行の右に揃えてみましょう。

●操作に迷ったときは…… 左クリック 11ページ ドラッグ 12ページ

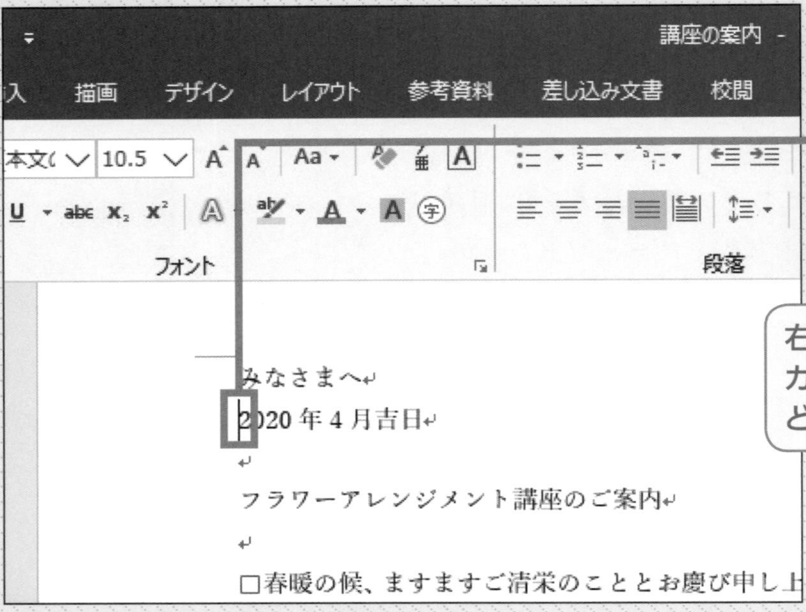

1 段落内を左クリックしてカーソルを移動します

右揃えは段落に対して設定します。カーソルの位置は、段落内ならどこでもかまいません

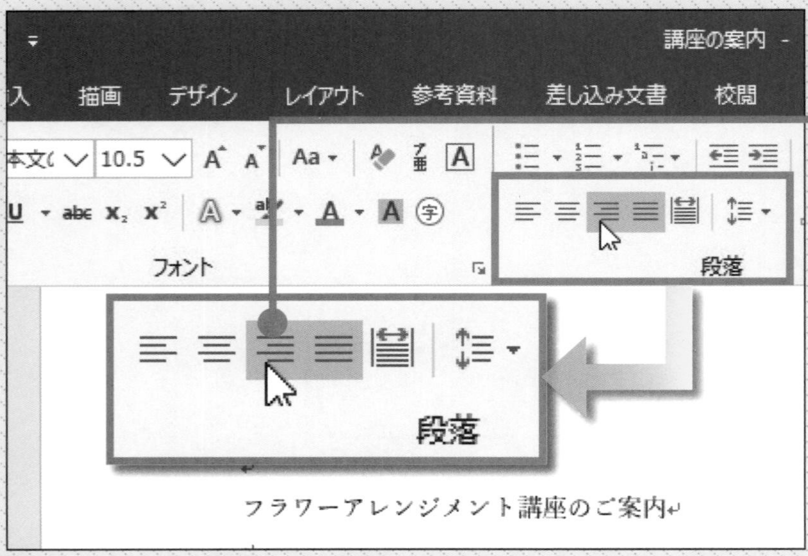

2 右揃えを左クリックします

! ホーム タブが表示されていない場合は、ホーム を左クリックします

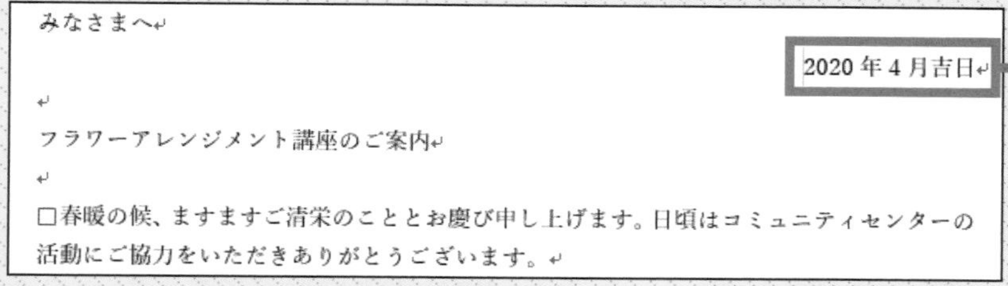
みなさまへ
2020年4月吉日

フラワーアレンジメント講座のご案内

□春暖の候、ますますご清栄のこととお慶び申し上げます。日頃はコミュニティセンターの活動にご協力をいただきありがとうございます。

3 文字が右に揃いました

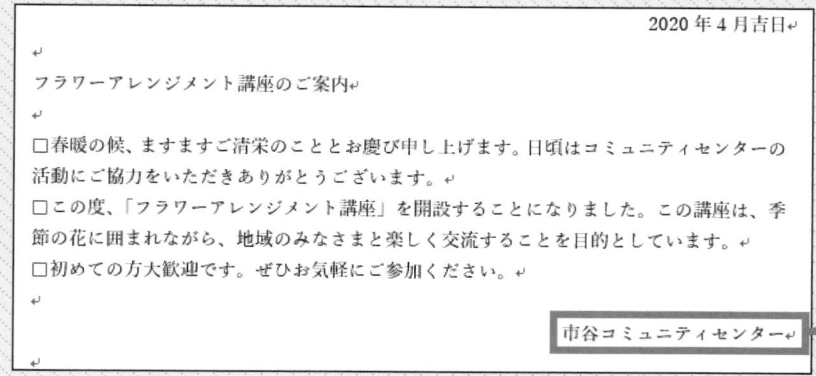
2020年4月吉日

フラワーアレンジメント講座のご案内

□春暖の候、ますますご清栄のこととお慶び申し上げます。日頃はコミュニティセンターの活動にご協力をいただきありがとうございます。
□この度、「フラワーアレンジメント講座」を開設することになりました。この講座は、季節の花に囲まれながら、地域のみなさまと楽しく交流することを目的としています。
□初めての方大歓迎です。ぜひお気軽にご参加ください。

市谷コミュニティセンター

4 この行も右揃えを左クリックして右に揃えます

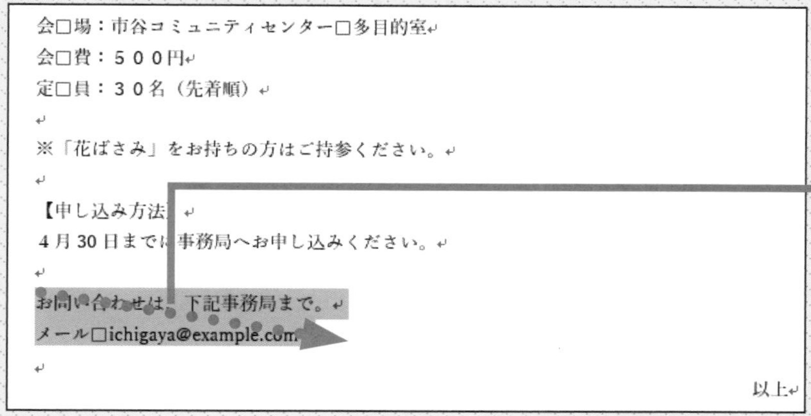
会□場：市谷コミュニティセンター□多目的室
会□費：５００円
定□員：３０名（先着順）

※「花ばさみ」をお持ちの方はご持参ください。

【申し込み方法】
4月30日までに事務局へお申し込みください。

お問い合わせは、下記事務局まで。
メール□ichigaya@example.com

以上

5 この2行をドラッグして選択します

! 複数の行を扱う場合は、まとめて選択するとよいでしょう

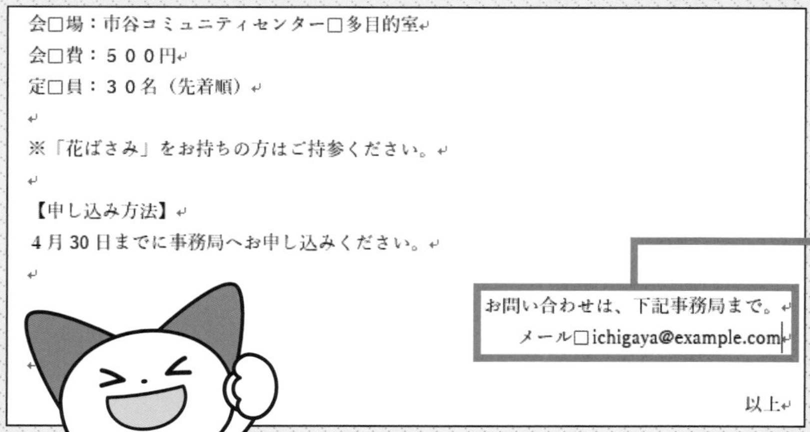
会□場：市谷コミュニティセンター□多目的室
会□費：５００円
定□員：３０名（先着順）

※「花ばさみ」をお持ちの方はご持参ください。

【申し込み方法】
4月30日までに事務局へお申し込みください。

お問い合わせは、下記事務局まで。
メール□ichigaya@example.com

以上

6 右揃えを左クリックして右に揃えます

右揃えにすると文書らしくなるね

おわり

Section 26 文字を真ん中に揃えよう

中央に配置することを「中央揃え」といいます。文書のタイトルなどは中央揃えにすると、見やすくなり、メリハリがつきます。

●操作に迷ったときは…… 左クリック 11ページ

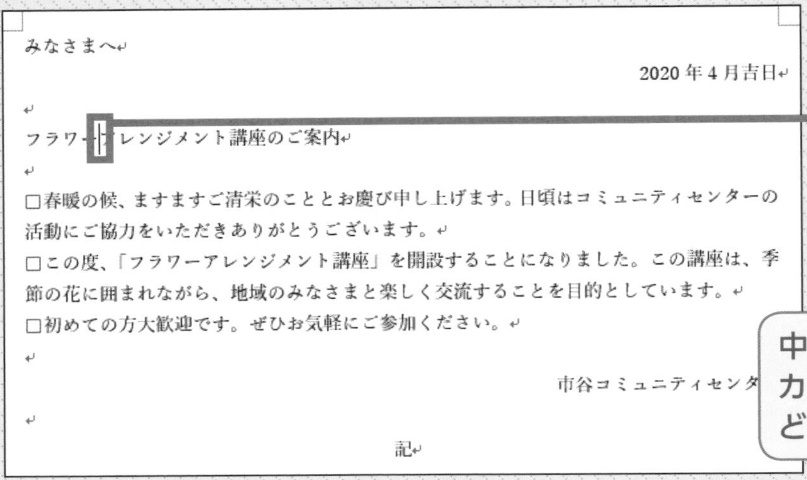
みなさまへ
2020年4月吉日

フラワーアレンジメント講座のご案内

□春暖の候、ますますご清栄のこととお慶び申し上げます。日頃はコミュニティセンターの活動にご協力をいただきありがとうございます。
□この度、「フラワーアレンジメント講座」を開設することになりました。この講座は、季節の花に囲まれながら、地域のみなさまと楽しく交流することを目的としています。
□初めての方大歓迎です。ぜひお気軽にご参加ください。

市谷コミュニティセンタ

記

1 段落内を左クリックしてＩ《カーソル》を移動します

中央揃えは段落に対して設定します。カーソルの位置は、段落内ならどこでもかまいません

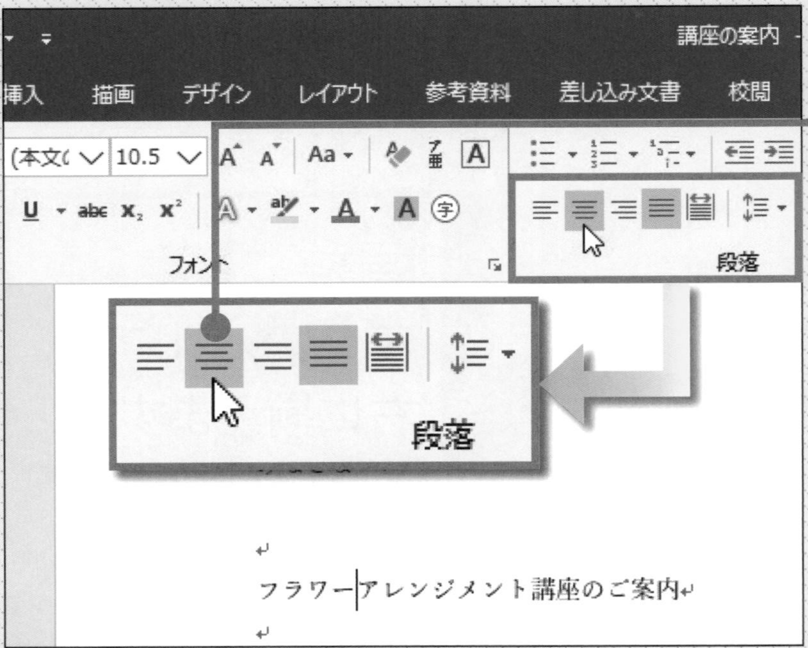

2 ≡《中央揃え》を左クリックします

! ホーム タブが表示されていない場合は、ホーム を左クリックします

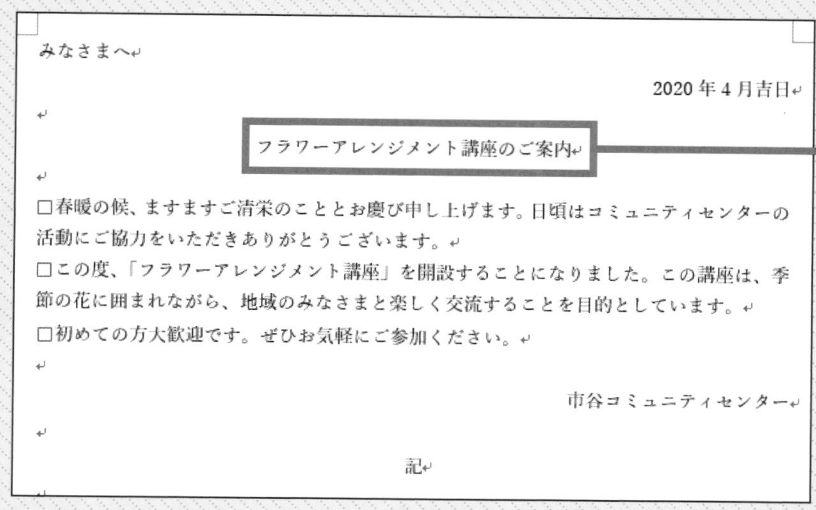
みなさまへ

2020年4月吉日

フラワーアレンジメント講座のご案内

□春暖の候、ますますご清栄のこととお慶び申し上げます。日頃はコミュニティセンターの活動にご協力をいただきありがとうございます。
□この度、「フラワーアレンジメント講座」を開設することになりました。この講座は、季節の花に囲まれながら、地域のみなさまと楽しく交流することを目的としています。
□初めての方大歓迎です。ぜひお気軽にご参加ください。

市谷コミュニティセンター

記

3 文字が真ん中に揃いました

おわり

解説 変更した文字揃えをもとに戻す

ホームタブの段落では、カーソルがある段落に設定されている文字揃えに色が付いて表示されます。
文字揃えを通常に戻すには、右揃えや中央揃えにした段落にカーソルを移動するか、行を選択して、を左クリックします。

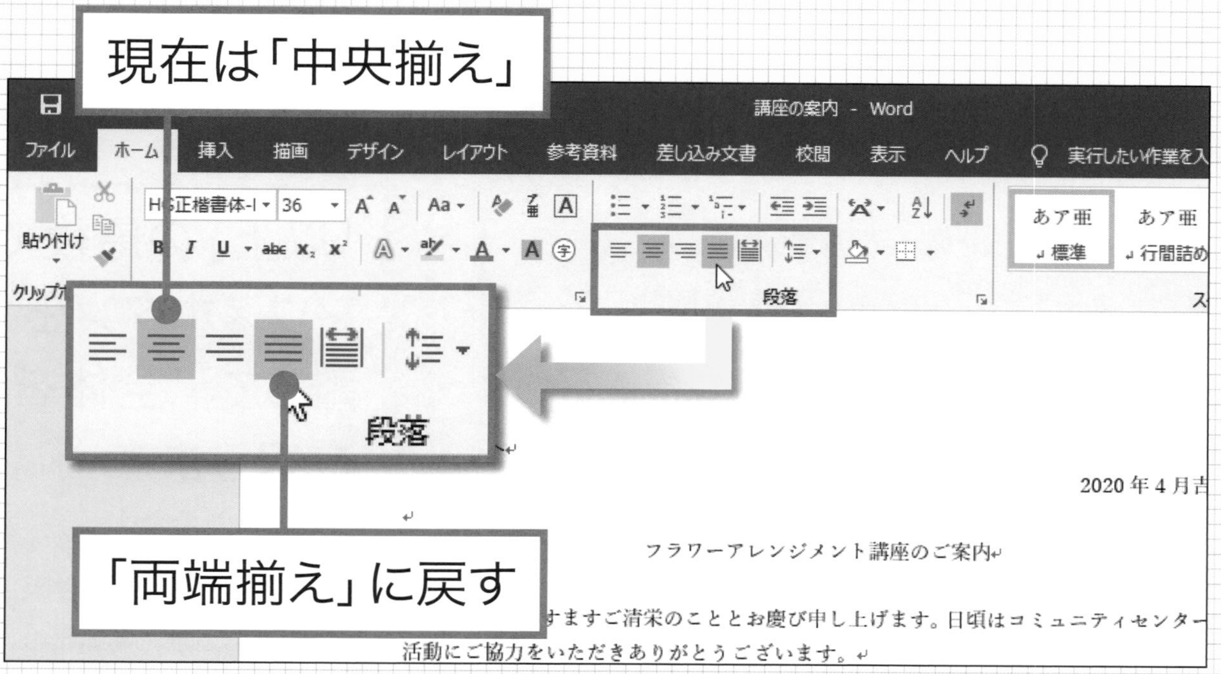

Section 27 文字の種類を変えよう

ワードには、たくさんの文字の種類（フォント）が用意されています。最初に設定されている「游明朝」から、ほかの種類に変えてみましょう。

●操作に迷ったときは…… 左クリック 11ページ ドラッグ 12ページ

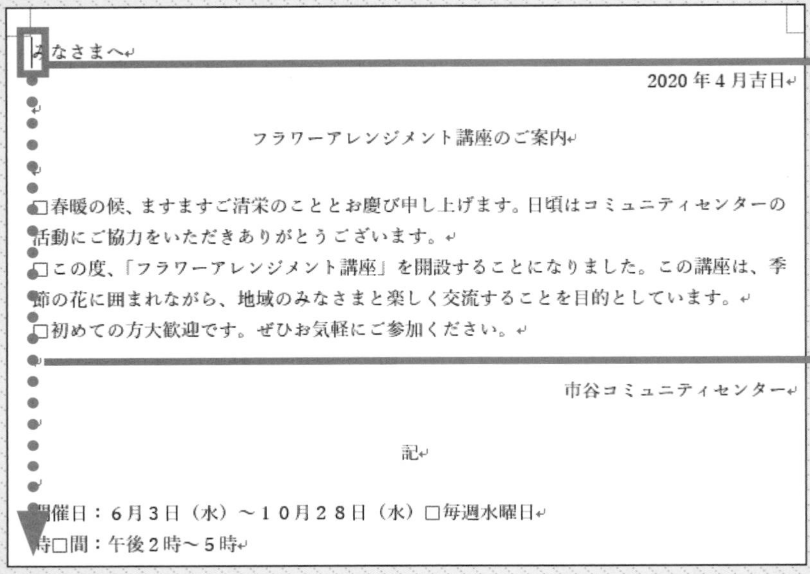
みなさまへ↵
2020年4月吉日↵
↵
フラワーアレンジメント講座のご案内↵
↵
□春暖の候、ますますご清栄のこととお慶び申し上げます。日頃はコミュニティセンターの活動にご協力をいただきありがとうございます。↵
□この度、「フラワーアレンジメント講座」を開設することになりました。この講座は、季節の花に囲まれながら、地域のみなさまと楽しく交流することを目的としています。↵
□初めての方大歓迎です。ぜひお気軽にご参加ください。↵
↵
市谷コミュニティセンター↵
↵
記↵
↵
開催日：6月3日（水）～10月28日（水）□毎週水曜日↵
時□間：午後2時～5時↵

1 「みなさまへ」の先頭にI《カーソル》を移動します

2 そのままマウスボタンを押して下へドラッグします

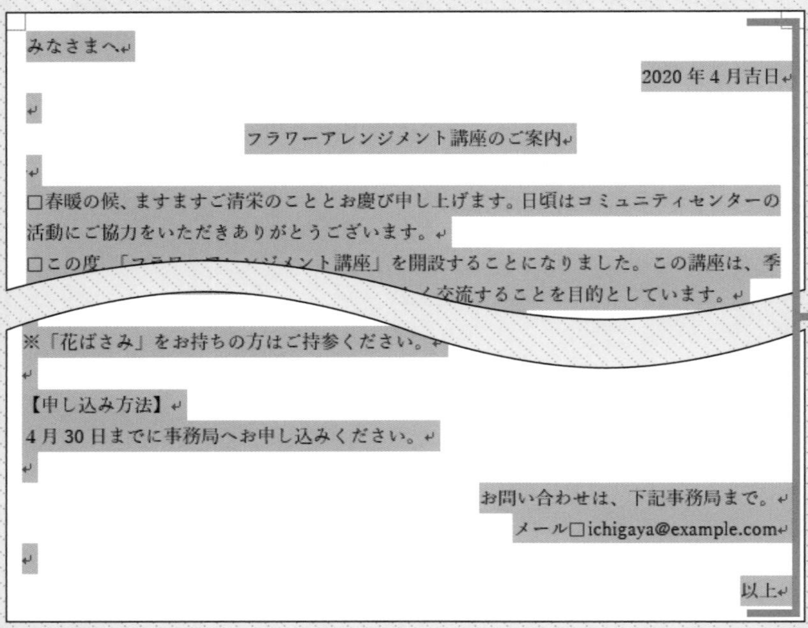
みなさまへ↵
2020年4月吉日↵
↵
フラワーアレンジメント講座のご案内↵
↵
□春暖の候、ますますご清栄のこととお慶び申し上げます。日頃はコミュニティセンターの活動にご協力をいただきありがとうございます。↵
□この度、「フラワーアレンジメント講座」を開設することになりました。この講座は、季
く交流することを目的としています。↵
※「花ばさみ」をお持ちの方はご持参ください。↵
↵
【申し込み方法】↵
4月30日までに事務局へお申し込みください。↵
↵
お問い合わせは、下記事務局まで。↵
メール□ichigaya@example.com↵
↵
以上↵

3 「以上」の最後でマウスボタンを離して、全体を選択します

! Ctrl＋Aキーを押しても全体を選択できます

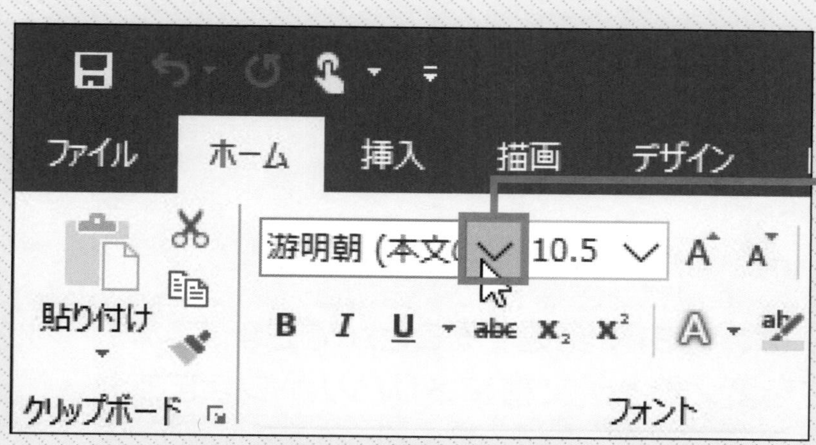

4

游明朝 (本文(《フォント》 の ∨ を左クリックします

! ホーム タブが表示されていない場合は、ホーム を左クリックします

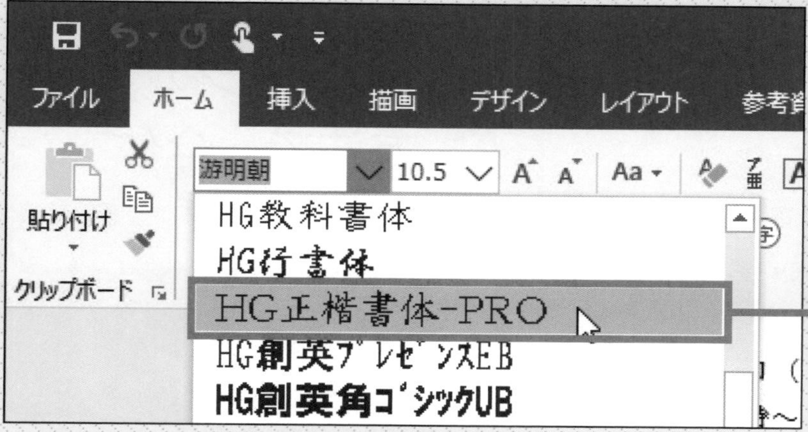

5

このフォントを左クリックします

! 使いたいフォントが表示されていない場合は、スクロールバーをドラッグして探します

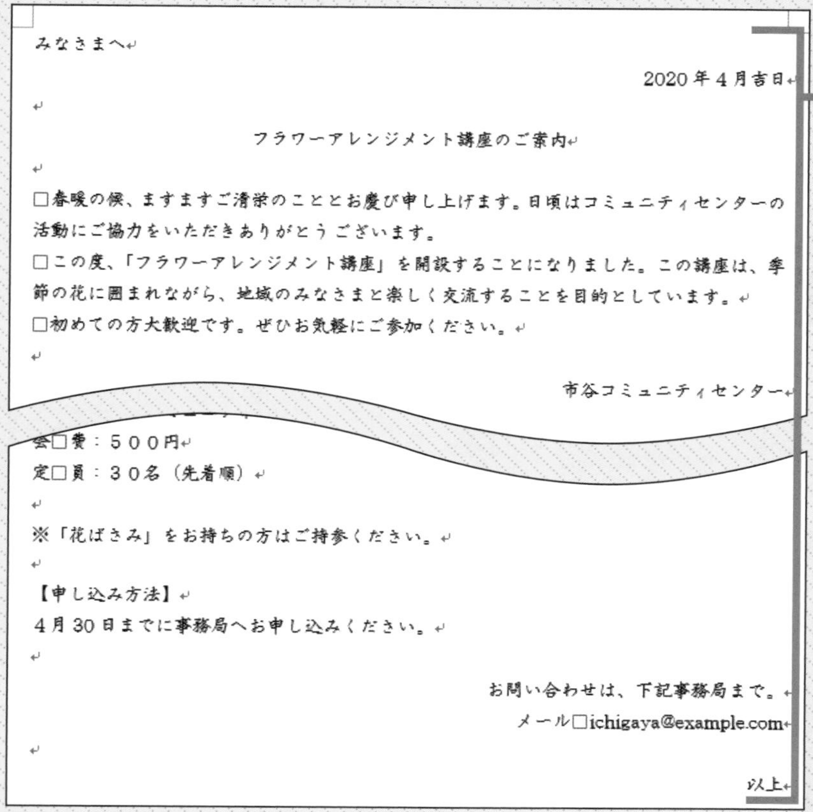

みなさまへ

2020年4月吉日

フラワーアレンジメント講座のご案内

□春暖の候、ますますご清栄のこととお慶び申し上げます。日頃はコミュニティセンターの活動にご協力をいただきありがとうございます。
□この度、「フラワーアレンジメント講座」を開設することになりました。この講座は、季節の花に囲まれながら、地域のみなさまと楽しく交流することを目的としています。
□初めての方大歓迎です。ぜひお気軽にご参加ください。

市谷コミュニティセンター

会□費：５００円
定□員：３０名（先着順）

※「花ばさみ」をお持ちの方はご持参ください。

【申し込み方法】
4月30日までに事務局へお申し込みください。

お問い合わせは、下記事務局まで。
メール□ichigaya@example.com

以上

6

フォントが変更されました

一部の文字を変えたい場合は、その文字を選択してからこの操作を行います

おわり

Section
28 文字の大きさを変えよう

文字の大きさ（フォントサイズ）は、自由に変更することができます。
タイトルと本文で文字の大きさを変えると、文書にメリハリがつきます。

●操作に迷ったときは…… 左クリック 11ページ

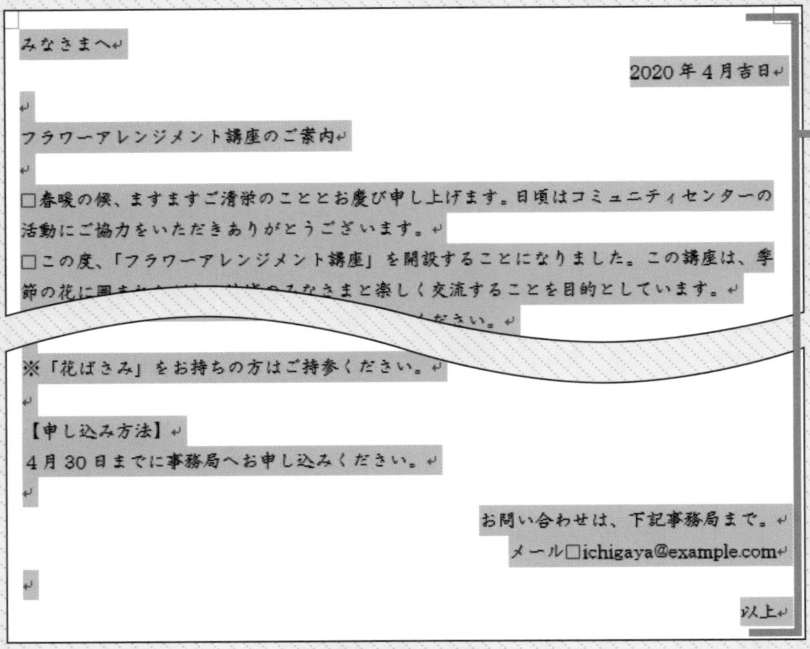
みなさまへ
2020年4月吉日
フラワーアレンジメント講座のご案内
□春暖の候、ますますご清栄のこととお慶び申し上げます。日頃はコミュニティセンターの
活動にご協力をいただきありがとうございます。
□この度、「フラワーアレンジメント講座」を開設することになりました。この講座は、季
※「花ばさみ」をお持ちの方はご持参ください。
【申し込み方法】
4月30日までに事務局へお申し込みください。
お問い合わせは、下記事務局まで。
メール□ichigaya@example.com
以上

1 78ページの方法で、全体を選択します

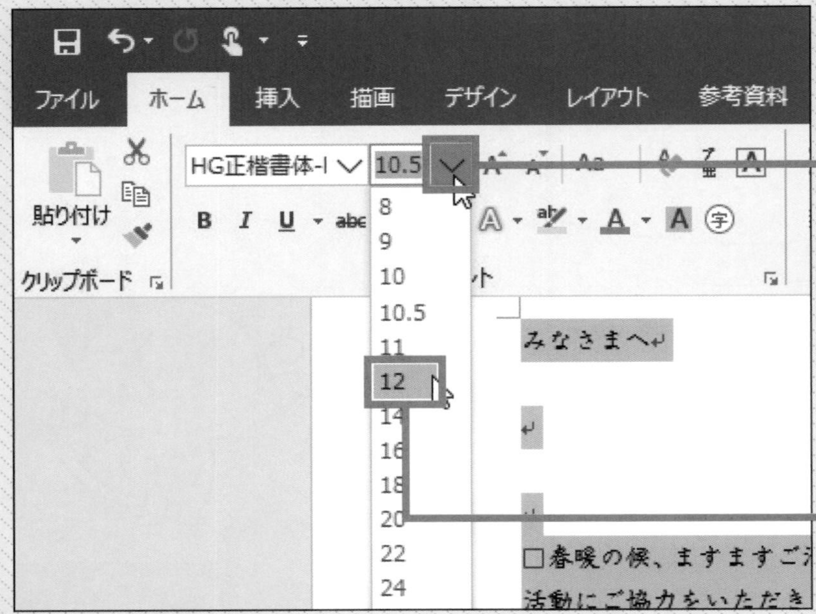
ファイル
ホーム
挿入
描画
デザイン
レイアウト
参考資料
HG正楷書体-I
10.5
貼り付け
クリップボード
8
9
10
10.5
11
12
14
16
18
20
22
24
みなさまへ

2 10.5 ∨《フォントサイズ》 の ∨ を左クリックします

！ フォントサイズは「ポイント（pt）」という単位で表示されます

3 「12」を左クリックします

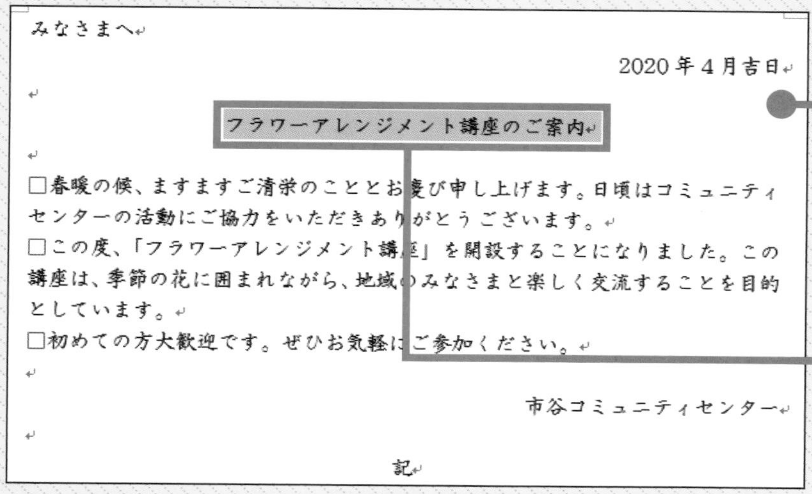
みなさまへ
2020年4月吉日
フラワーアレンジメント講座のご案内
□春暖の候、ますますご清栄のこととお慶び申し上げます。日頃はコミュニティセンターの活動にご協力をいただきありがとうございます。
□この度、「フラワーアレンジメント講座」を開設することになりました。この講座は、季節の花に囲まれながら、地域のみなさまと楽しく交流することを目的としています。
□初めての方大歓迎です。ぜひお気軽にご参加ください。
市谷コミュニティセンター
記

4 フォントサイズが変更されました

5 66ページの方法で、文字を選択します

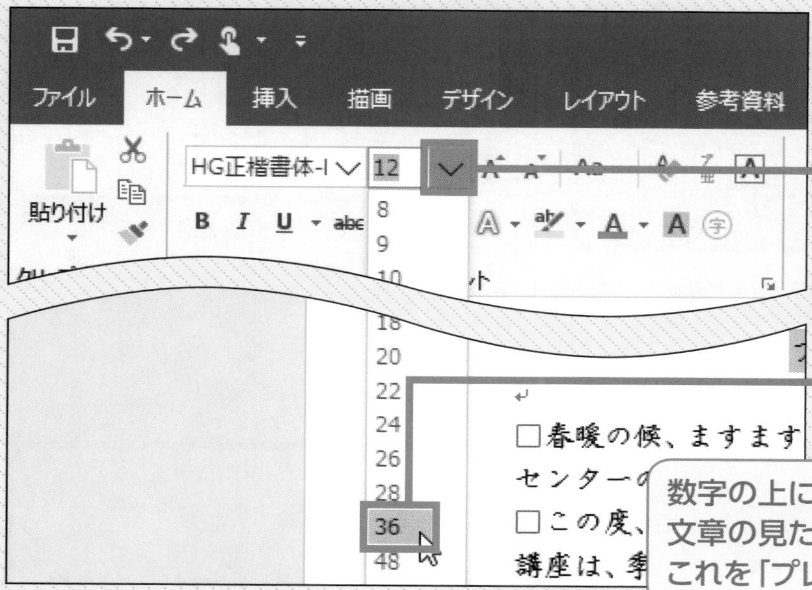
ファイル
ホーム
挿入
描画
デザイン
レイアウト
参考資料
貼り付け
HG正楷書体-I
12
8
9
10
18
20
22
24
26
28
36
48
□春暖の候、ますます
センターの
□この度、
講座は、季

6 フォントサイズ 12 の ∨ を左クリックします

7 「36」を左クリックします

数字の上に ↖ を移動すると、文章の見た目が変わります。これを「プレビュー」といいます

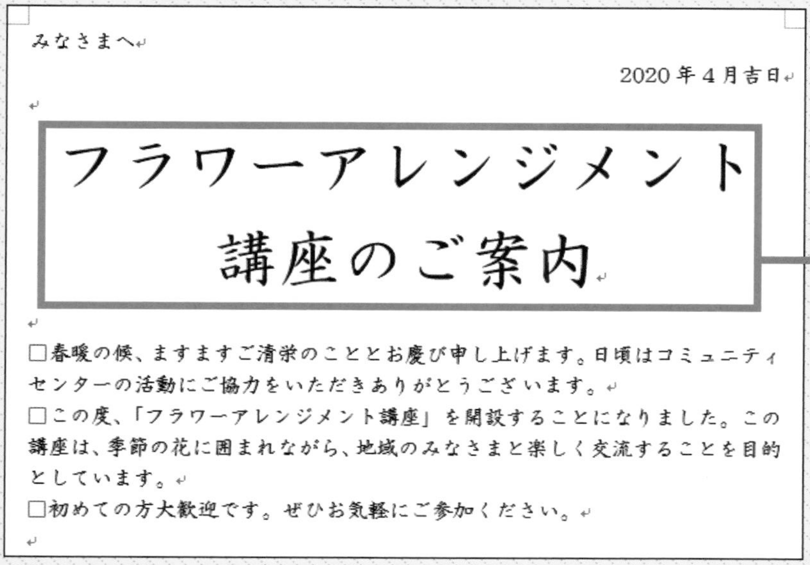
みなさまへ
2020年4月吉日
フラワーアレンジメント
講座のご案内
□春暖の候、ますますご清栄のこととお慶び申し上げます。日頃はコミュニティセンターの活動にご協力をいただきありがとうございます。
□この度、「フラワーアレンジメント講座」を開設することになりました。この講座は、季節の花に囲まれながら、地域のみなさまと楽しく交流することを目的としています。
□初めての方大歓迎です。ぜひお気軽にご参加ください。

8 フォントサイズが変更されました

おわり

Section 29 文字を太字で強調しよう

文書の中で強調したい文字は、太字にするとよいでしょう。白黒で印刷する場合はとくに便利です。太字にした文字をもとに戻すのもかんたんです。

●操作に迷ったときは…… 左クリック 11ページ ドラッグ 12ページ

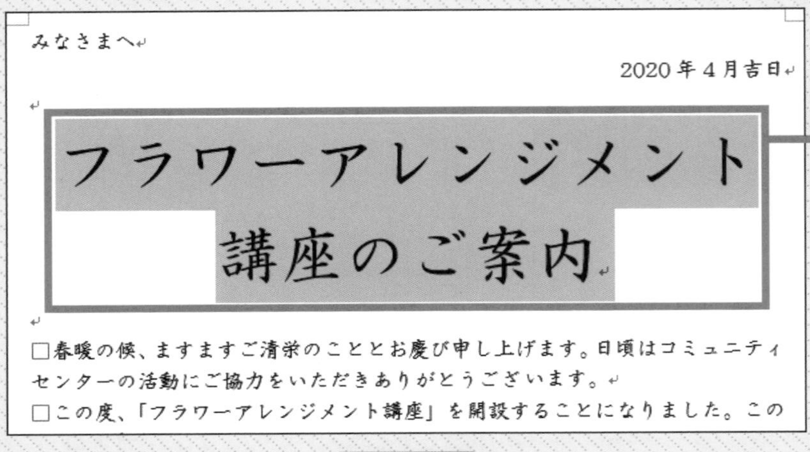

みなさまへ
2020年4月吉日
フラワーアレンジメント
講座のご案内
□春暖の候、ますますご清栄のこととお慶び申し上げます。日頃はコミュニティセンターの活動にご協力をいただきありがとうございます。
□この度、「フラワーアレンジメント講座」を開設することになりました。この

1 文字をドラッグして選択します

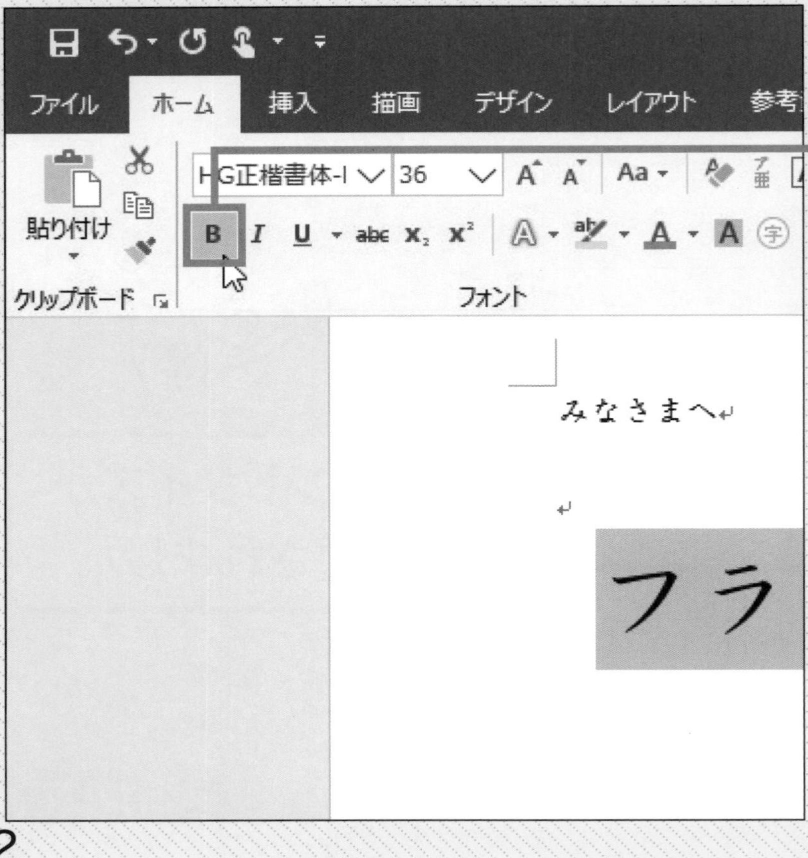

ファイル
ホーム
挿入
描画
デザイン
レイアウト
HG正楷書体-I
36
貼り付け
クリップボード
フォント
みなさまへ
フラ

2 B《太字》を左クリックします

! ホーム タブが表示されていない場合は、ホーム を左クリックします

I を左クリックすると文字を斜体にできます

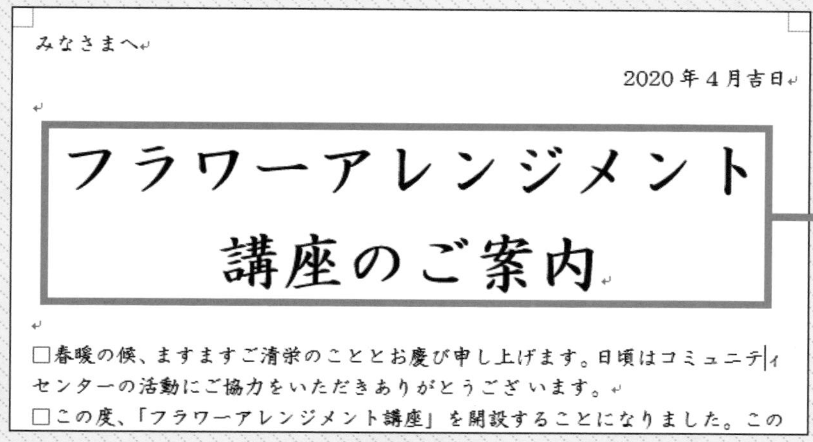
みなさまへ

2020年4月吉日

フラワーアレンジメント
講座のご案内

□春暖の候、ますますご清栄のこととお慶び申し上げます。日頃はコミュニティセンターの活動にご協力をいただきありがとうございます。
□この度、「フラワーアレンジメント講座」を開設することになりました。この

3 文字が太字になりました

! 太字になったら、本文のどこかを左クリックして、文字が選択されていない状態に戻しておきます

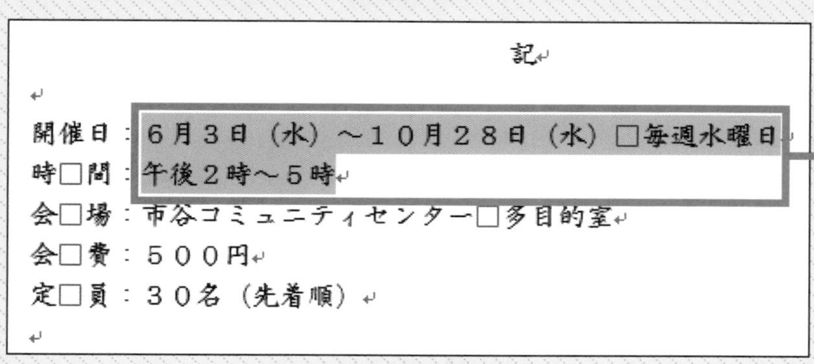
記

開催日：6月3日（水）～10月28日（水）□毎週水曜日
時□間：午後2時～5時
会□場：市谷コミュニティセンター□多目的室
会□費：500円
定□員：30名（先着順）

4 この文字を選択して、太字 B を左クリックします

! 1行目の文字を選択して、Ctrl キーを押しながら2行目の文字を選択します

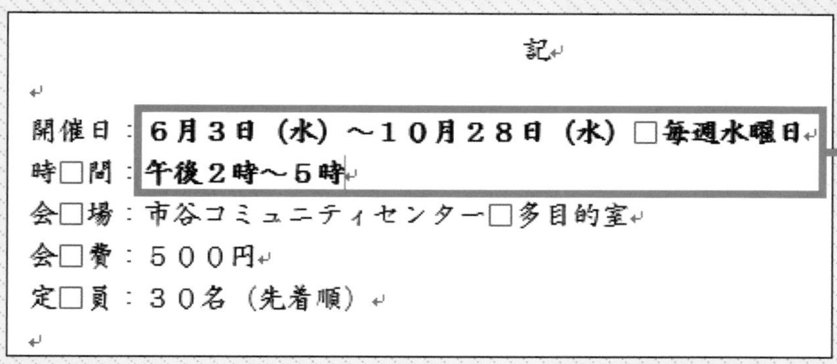
記

開催日：**6月3日（水）～10月28日（水）□毎週水曜日**
時□間：**午後2時～5時**
会□場：市谷コミュニティセンター□多目的室
会□費：500円
定□員：30名（先着順）

5 太字になりました

おわり

Column 太字をもとに戻す

太字の文字を選択すると、ボタンが B のように色が付いて表示されます。これは、選択している文字が「太字」の設定になっているという意味です。この B を左クリックすると、太字が解除され、もとに戻ります。

Section 30
文字に下線を引こう

文書の中で重要な部分には、下線を引くとよいでしょう。線の種類を波線にしたり、色を付けたりするとさらに目を引くようになります。

操作に迷ったときは…… 左クリック 11ページ ドラッグ 12ページ

波線の下線を引こう

1 文字をドラッグして選択します

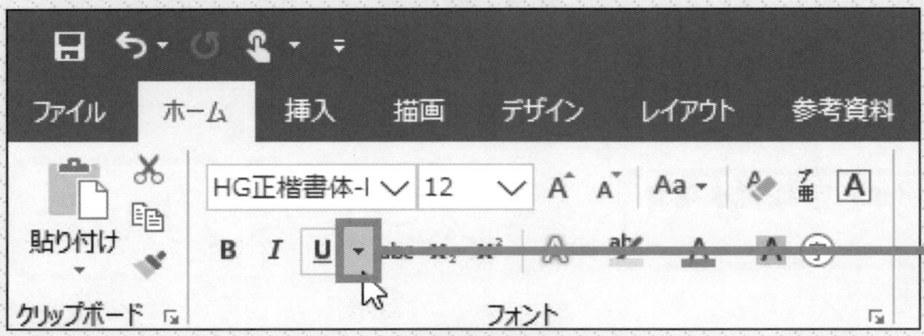

2 下線 の を左クリックします

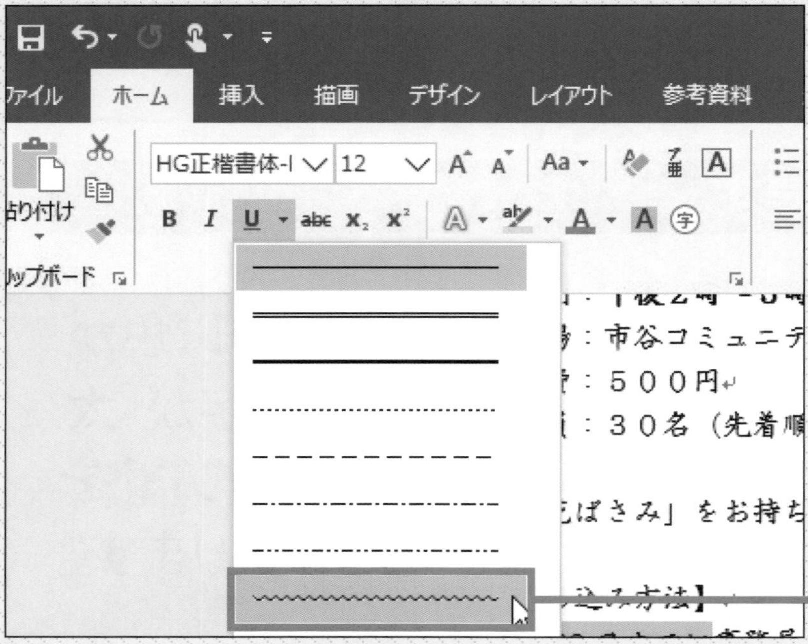

下線にもいろいろな線の種類があります

3 「波線の下線」を左クリックします

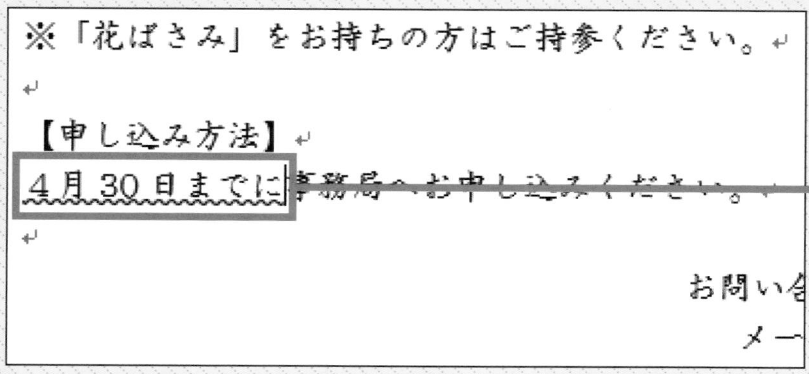

4 波線が引かれます

! 次回 U を左クリックすると、同じ下線が引かれます

下線の色を変えよう

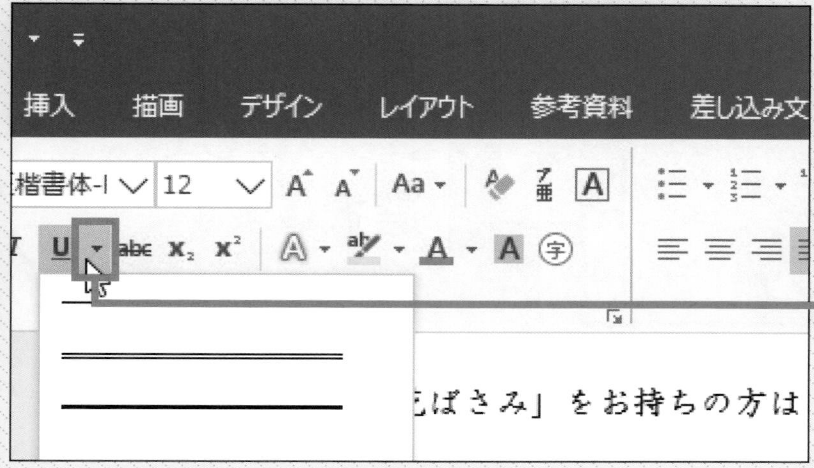

1 下線を引いた文字を選択します

2 U《下線》 の ▾ を左クリックします

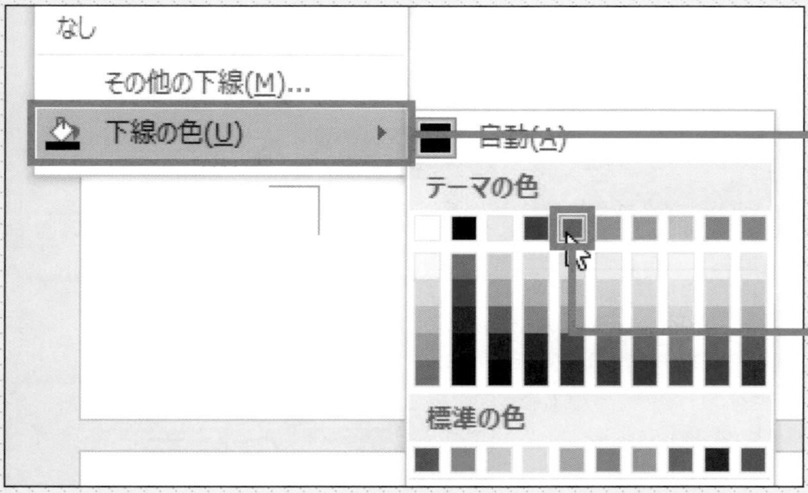

3 下線の色(U) に ポインター《ポインター》 を移動します

4 色を左クリックします

5 下線の色が変わりました

おわり

Section 31 文字に色を付けよう

文書の中で、目立たせたい部分には、文字に色を付けるとよいでしょう。カラフルにしたり、強調したり、いろいろな目的に使えます。

操作に迷ったときは…… 左クリック 11ページ　ドラッグ 12ページ

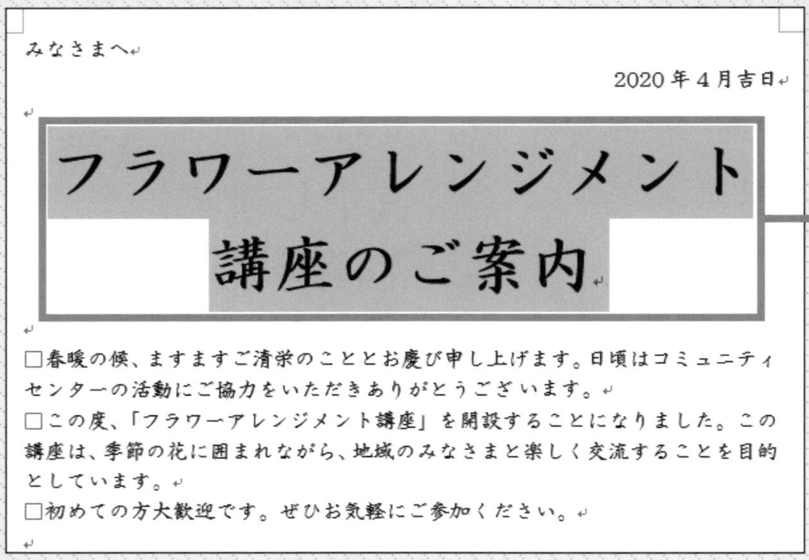
みなさまへ
2020年4月吉日
フラワーアレンジメント
講座のご案内
□春暖の候、ますますご清栄のこととお慶び申し上げます。日頃はコミュニティセンターの活動にご協力をいただきありがとうございます。
□この度、「フラワーアレンジメント講座」を開設することになりました。この講座は、季節の花に囲まれながら、地域のみなさまと楽しく交流することを目的としています。
□初めての方大歓迎です。ぜひお気軽にご参加ください。

1 文字をドラッグして選択します

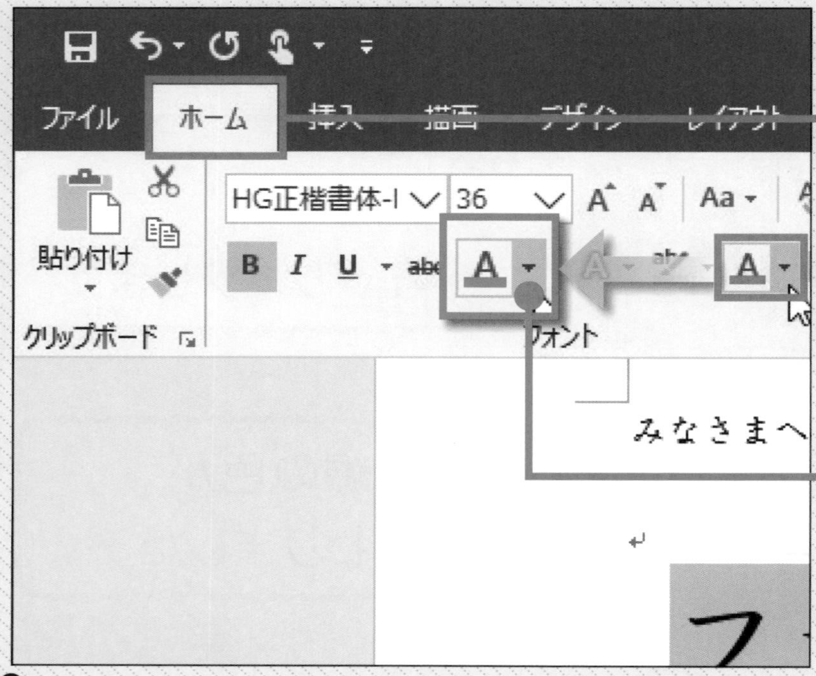
ファイル
ホーム
挿入
描画
デザイン
レイアウト
貼り付け
クリップボード
HG正楷書体-I
36
Aa
B I U
フォント
みなさまへ

2 ホーム を左クリックします

3 フォントの色 A の ▾ を左クリックします

! A を左クリックすると、前に使った色を付けることができます

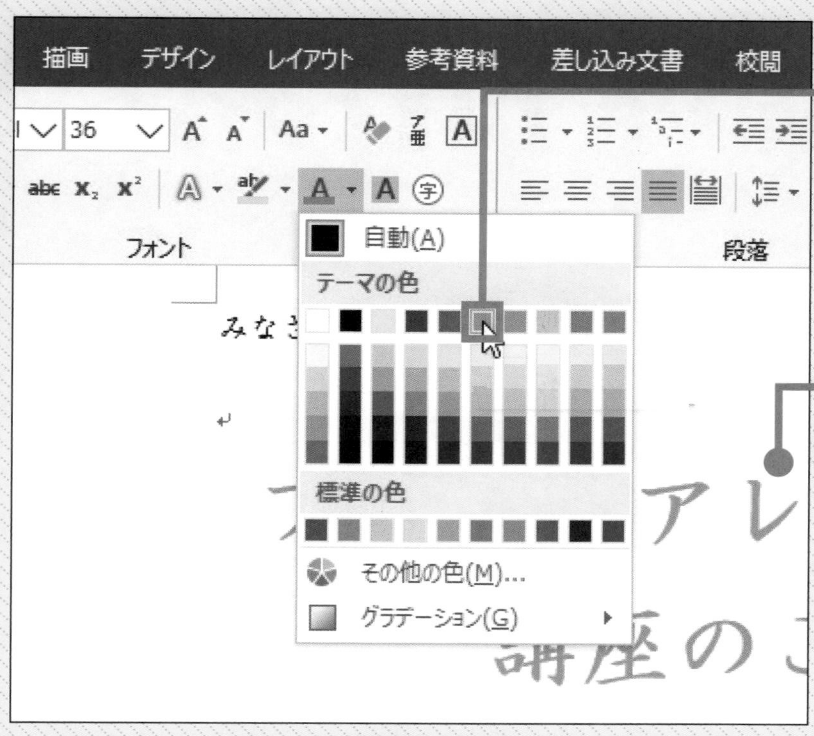

4 色に 《ポインター》を
移動します

5 プレビュー表示
されます

プレビューは、イメージが
確認できて便利です

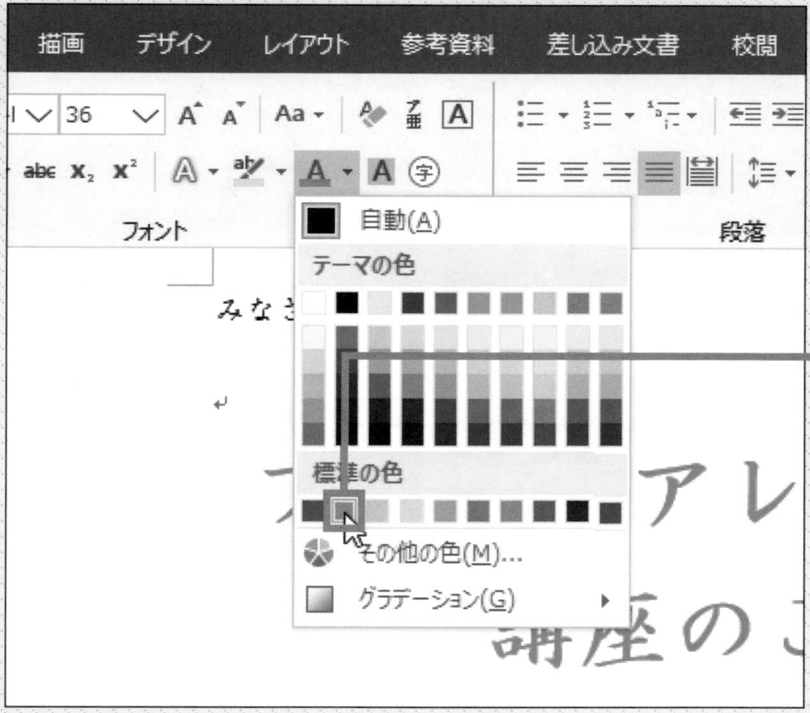

6 色を
左クリックします

！ここでは「赤」を選びます

7 文字に色が
付きました

おわり

Section 32 文字に影を付けよう

ワードの「文字の効果と体裁」機能には、文字を目立たせるさまざまな種類が用意されています。ここでは、文字に影を付けてみましょう

操作に迷ったときは…… 左クリック 11ページ ドラッグ 12ページ

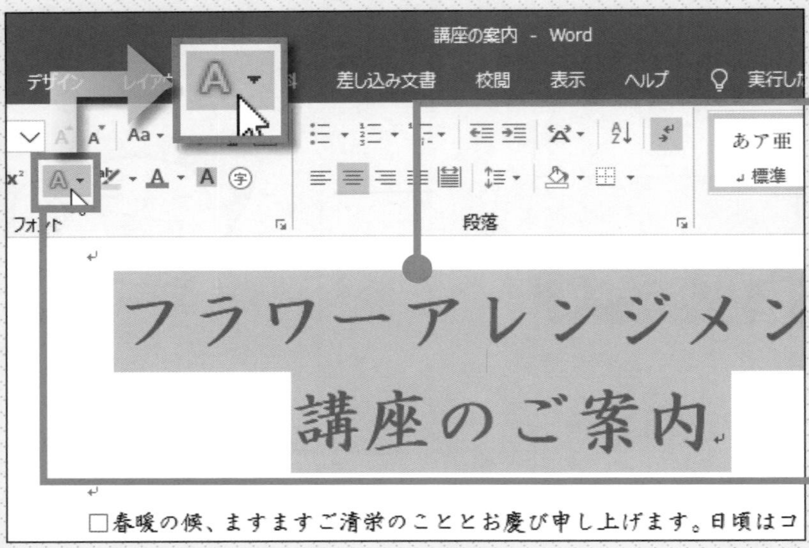

1 文字をドラッグして選択します

2 ホーム タブの 文字の効果と体裁 を左クリックします

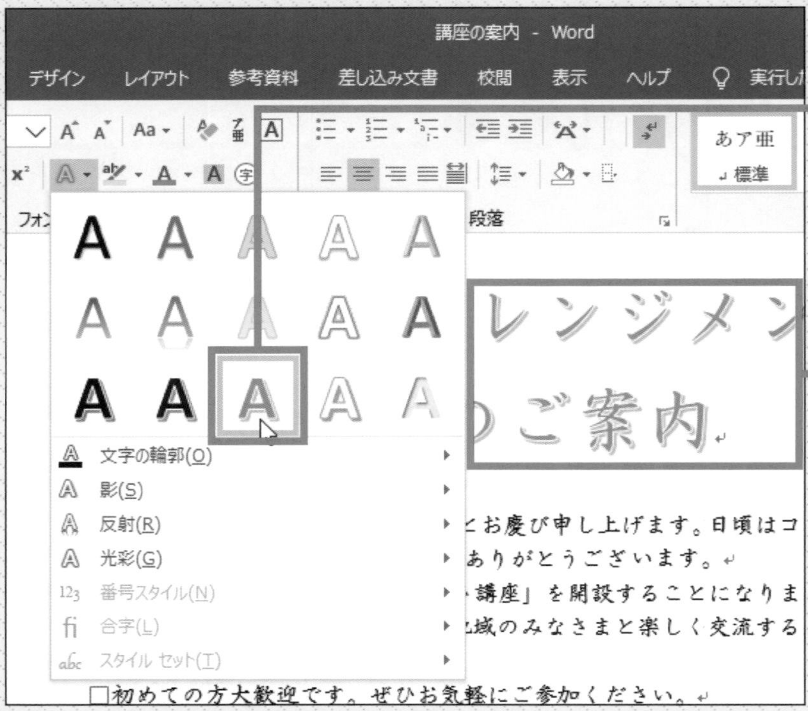

3 一覧の効果に ポインター を移動します

4 プレビュー表示されます

! この一覧にある影付きの文字を左クリックして選択することもできます

5 影(S) を左クリックします

6 使用する影の種類を左クリックします

何度でもやり直して
気に入った効果を見つけましょう

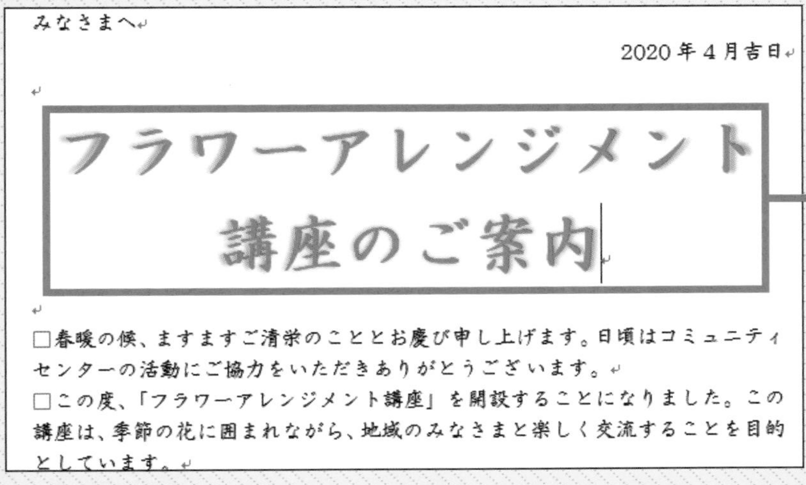
みなさまへ

2020年4月吉日

フラワーアレンジメント
講座のご案内

□春暖の候、ますますご清栄のこととお慶び申し上げます。日頃はコミュニティセンターの活動にご協力をいただきありがとうございます。

□この度、「フラワーアレンジメント講座」を開設することになりました。この講座は、季節の花に囲まれながら、地域のみなさまと楽しく交流することを目的としています。

7 タイトルに影が付きました

おわり

Section 33

行頭を下げて見やすくしよう

箇条書きなどは、本文よりも1字あるいは2字程度下げると、見やすくなります。字下げには、 を利用します。

●操作に迷ったときは……

左クリック 11ページ

インデントを利用して字下げする

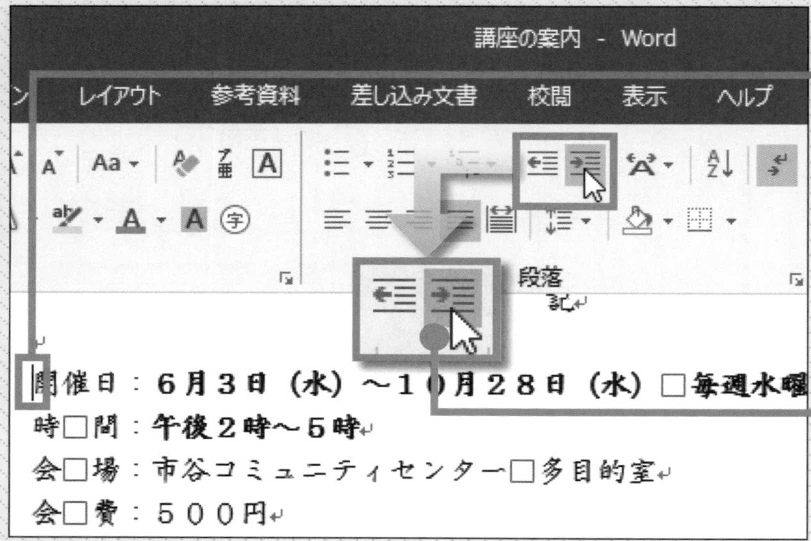
講座の案内 - Word
レイアウト
参考資料
差し込み文書
校閲
表示
ヘルプ
段落
記
開催日：6月3日（水）～10月28日（水）□毎週水曜
時□間：午後2時～5時
会□場：市谷コミュニティセンター□多目的室
会□費：500円

1 字下げする行に|《カーソル》を移動します

2 《インデントを増やす》を左クリックします

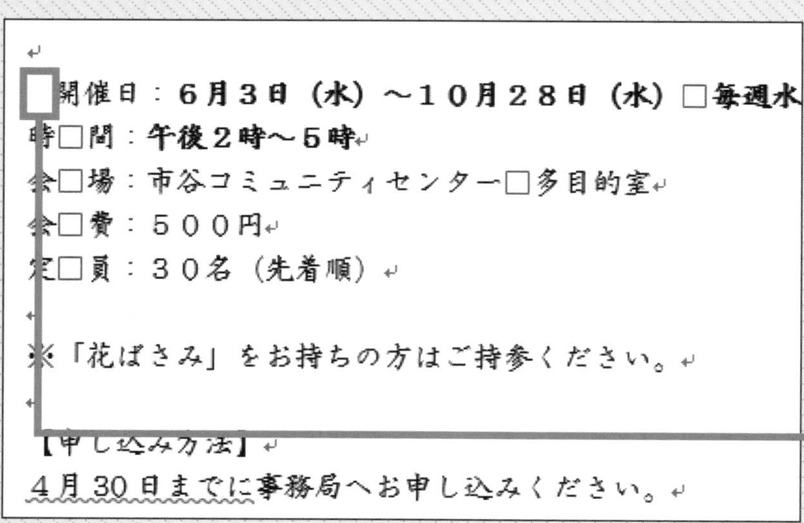
開催日：6月3日（水）～10月28日（水）□毎週水
時□間：午後2時～5時
会□場：市谷コミュニティセンター□多目的室
会□費：500円
定□員：30名（先着順）
※「花ばさみ」をお持ちの方はご持参ください。
【申し込み方法】
4月30日までに事務局へお申し込みください。

文章の先頭の文字位置を「インデント」といいます。この位置を下げることを「字下げ」といいます

3 行頭が1文字分下がりました

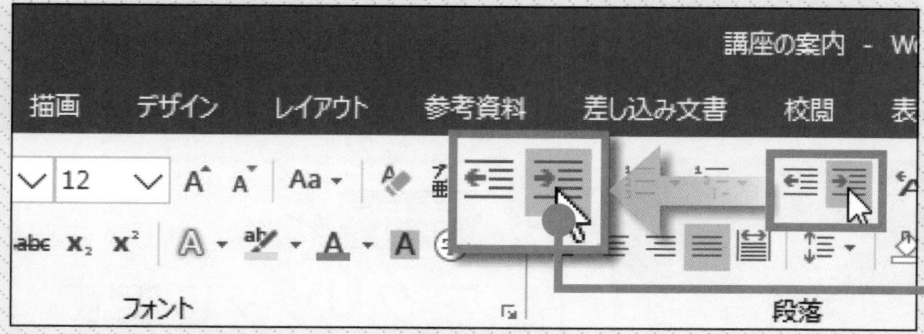
講座の案内 - W
描画
デザイン
レイアウト
参考資料
差し込み文書
校閲
表
フォント
段落

4 もう一度

インデントを増やす

を

左クリックします

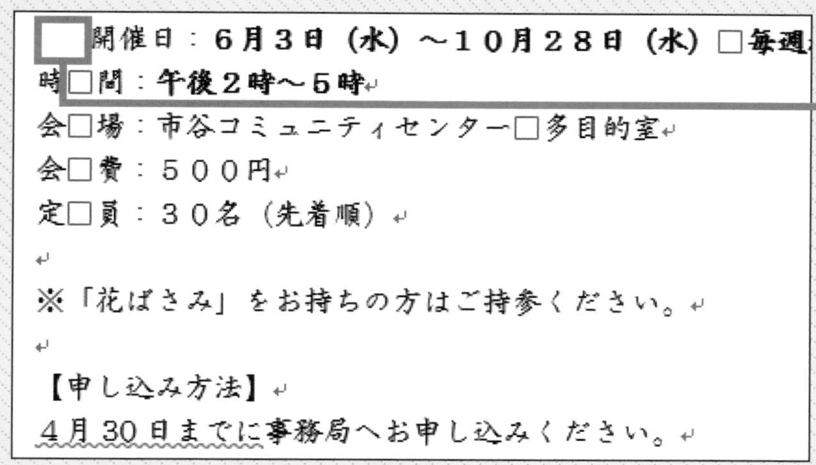
開催日：6月3日（水）～10月28日（水）□毎週
時□間：午後2時～5時
会□場：市谷コミュニティセンター□多目的室
会□費：500円
定□員：30名（先着順）
※「花ばさみ」をお持ちの方はご持参ください。
【申し込み方法】
4月30日までに事務局へお申し込みください。

5 行頭が2文字分下がりました

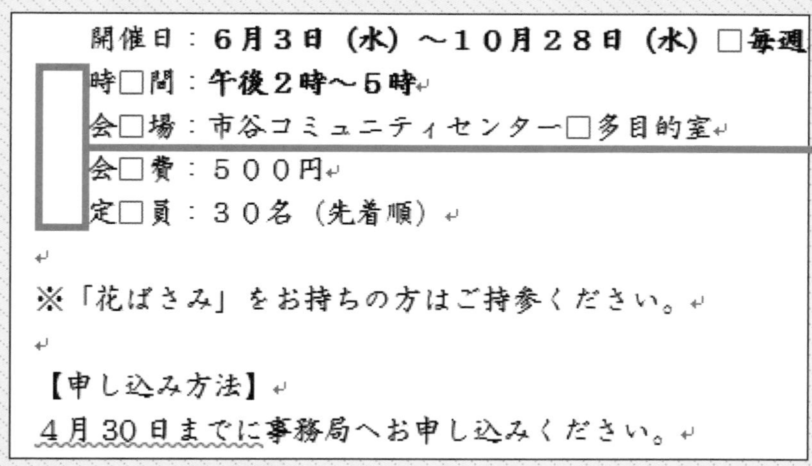
開催日：6月3日（水）～10月28日（水）□毎週
時□間：午後2時～5時
会□場：市谷コミュニティセンター□多目的室
会□費：500円
定□員：30名（先着順）
※「花ばさみ」をお持ちの方はご持参ください。
【申し込み方法】
4月30日までに事務局へお申し込みください。

6 同じようにしてほかの行も行頭を下げます

おわり

解説

字下げをもとに戻す

を利用して字下げした行をもとに戻すには、行にカーソルを移動して字下げした数だけ を左クリックし、インデントを減らします。

インデントマーカーを利用して字下げする

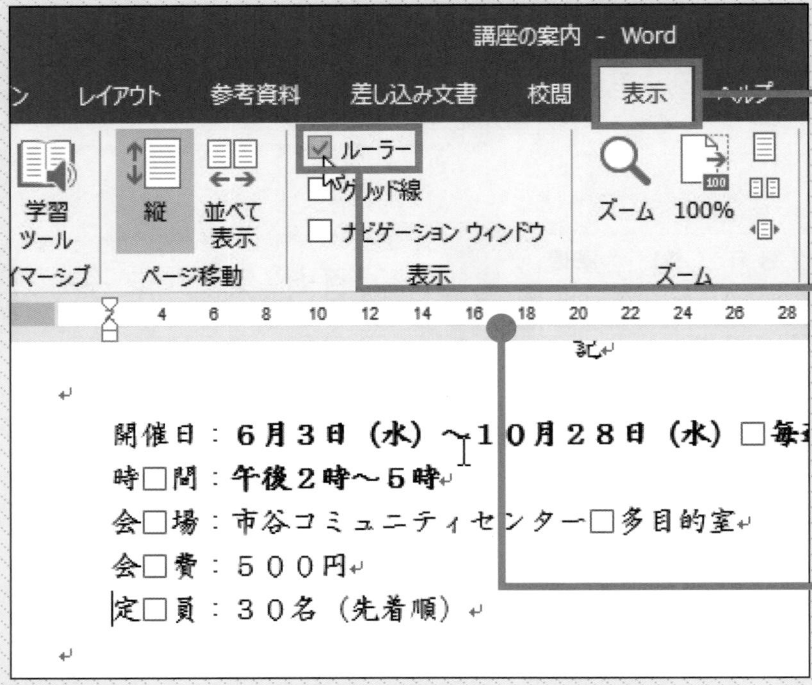

1 表示 を 左クリックします

2 ルーラー を 左クリックして オンにします

3 ルーラーが 表示されます

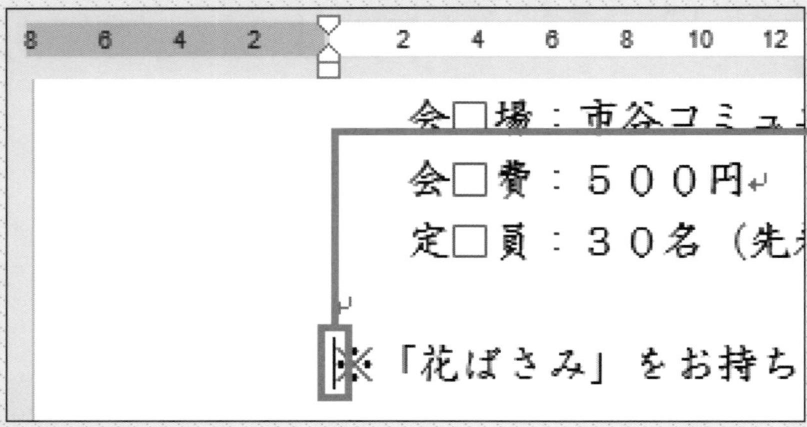

4 字下げする行の 先頭にI《カーソル》を 移動します

ルーラー上の □ を「インデントマーカー」といいます

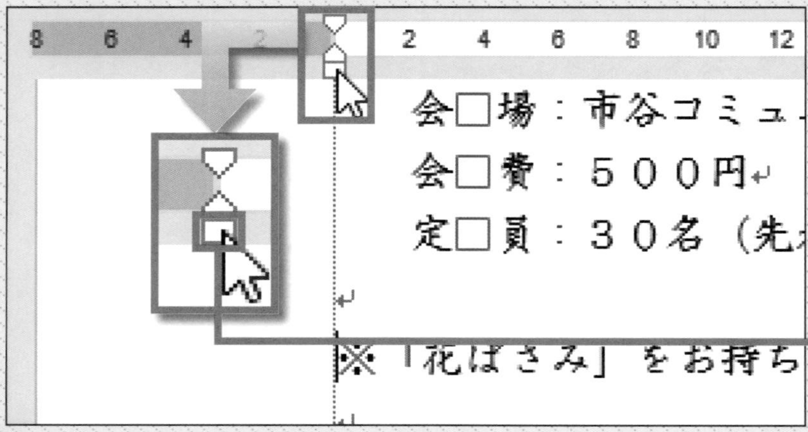

5 □《左インデント》を右に ドラッグします

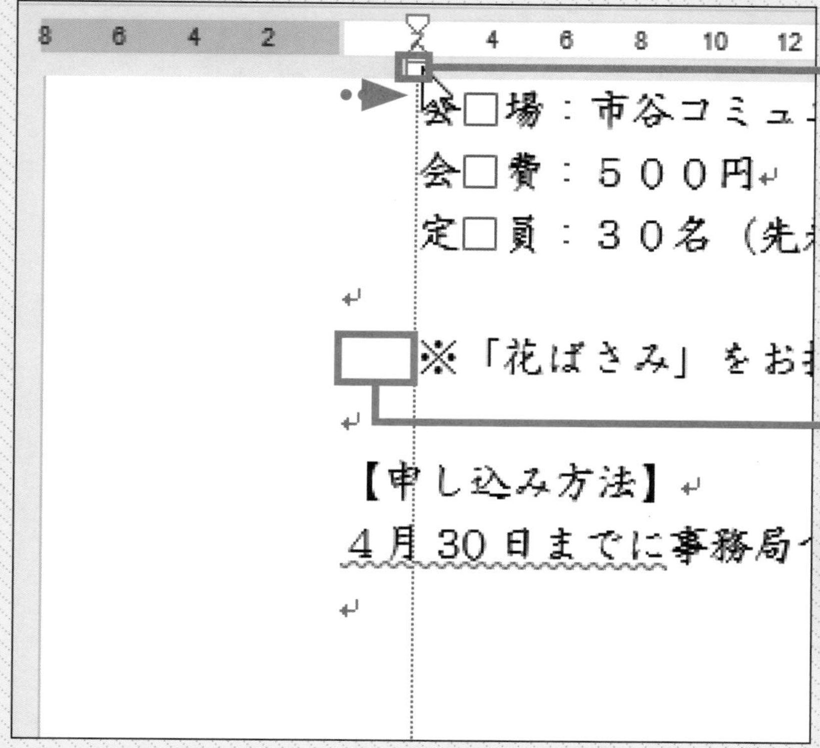

6 目盛りの「2」の位置でマウスボタンを離します

7 先頭位置が字下げされました

! ルーラー を左クリックしてルーラーを非表示にします

おわり

解説 正確な位置に字下げする方法

インデントマーカーでは、おおよその位置の字下げになります。正確な文字数で字下げしたい場合は、ホーム タブの＜段落＞の右端にある を左クリックして、＜段落＞画面を表示します。＜インデント＞ボックスに数値を指定して、＜OK＞を左クリックします。

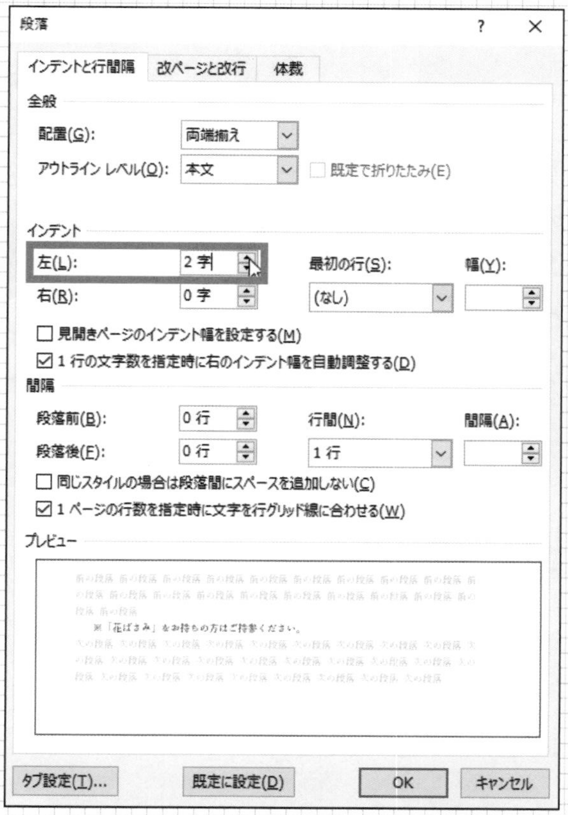

Section 34
箇条書きに記号を付けよう

箇条書きには、先頭に記号を付けると見やすくなります。ワードには、記号の種類が豊富に用意されていますので利用しましょう。

操作に迷ったときは…… 左クリック 11ページ　ドラッグ 12ページ　キー 14ページ

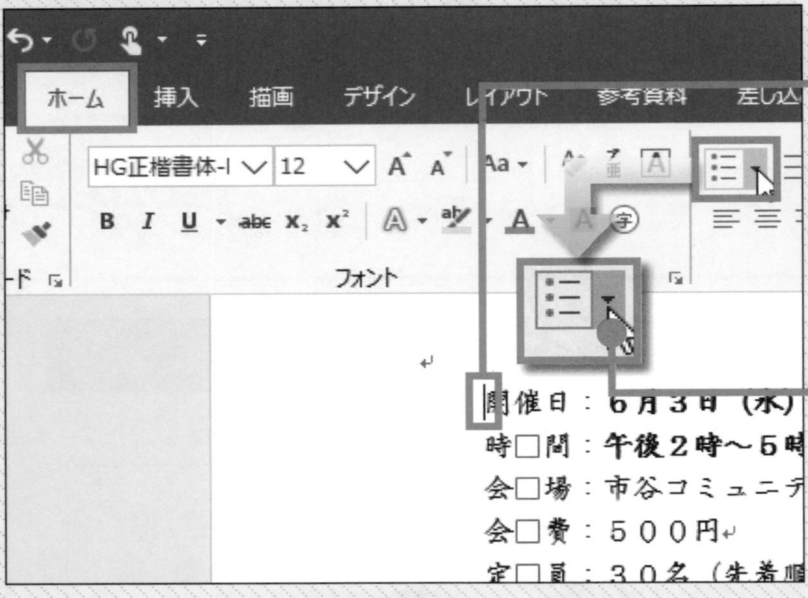

1 記号を付ける位置に|《カーソル》を移動します

2 ホーム を左クリックして≡▼《箇条書き》の▼を左クリックします

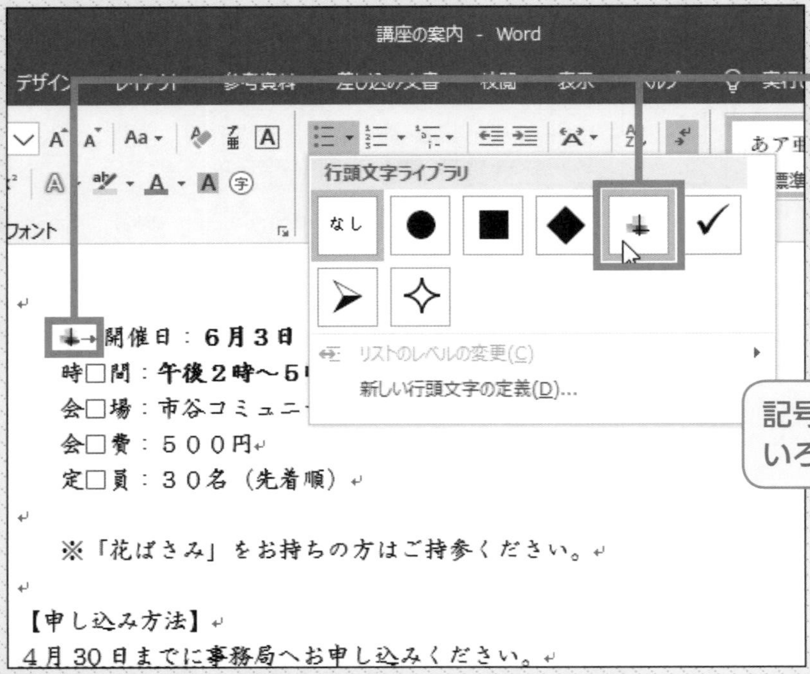

3 記号に↖《ポインター》を移動すると、プレビュー表示されます

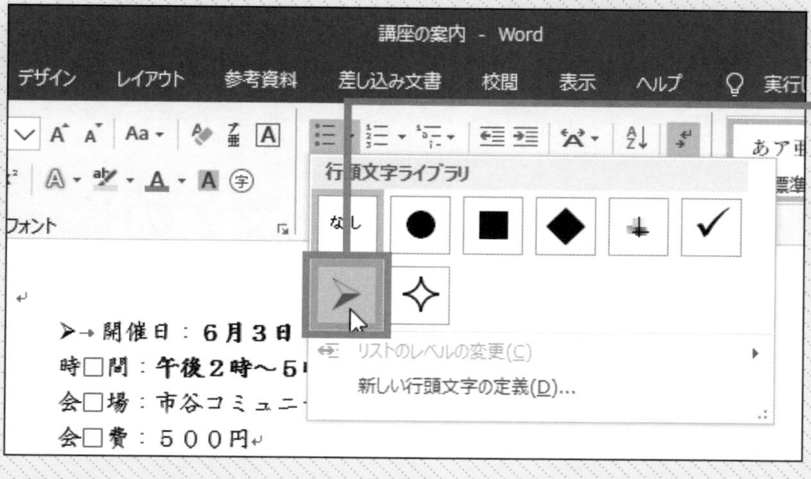
講座の案内 - Word
デザイン
レイアウト
参考資料
差し込み文書
校閲
表示
ヘルプ
フォント
行頭文字ライブラリ
なし
リストのレベルの変更(C)
新しい行頭文字の定義(D)...
➢→開催日：6月3日
時□間：午後2時～5
会□場：市谷コミュニ
会□費：500円

4 記号を左クリックします

! なし（なし）を選ぶと、箇条書きを取り消すことができます

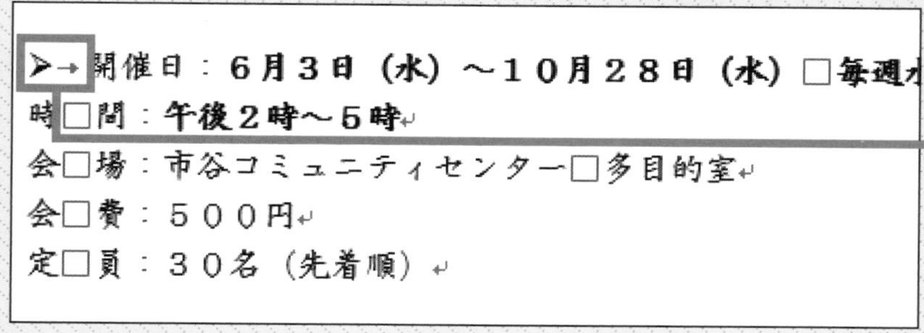
➢→開催日：6月3日（水）～10月28日（水）□毎週
時□間：午後2時～5時
会□場：市谷コミュニティセンター□多目的室
会□費：500円
定□員：30名（先着順）

5 箇条書きに記号が付きました

6 ほかの箇条書きをドラッグして選択します

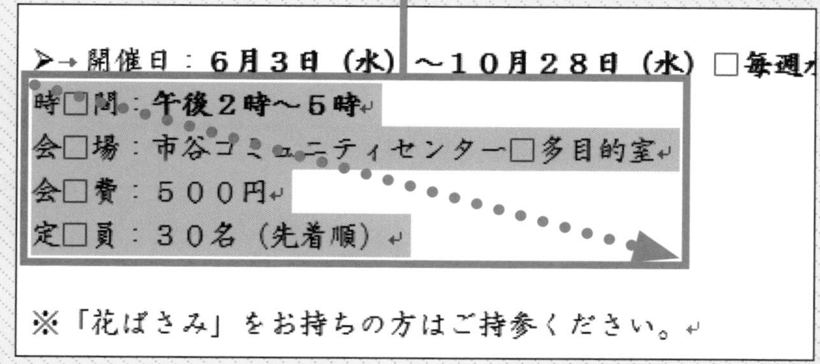
➢→開催日：6月3日（水）～10月28日（水）□毎週
時□間：午後2時～5時
会□場：市谷コミュニティセンター□多目的室
会□費：500円
定□員：30名（先着順）
※「花ばさみ」をお持ちの方はご持参ください。

7 箇条書き を左クリックします

! を左クリックすると同じ記号を続けて付けることができます

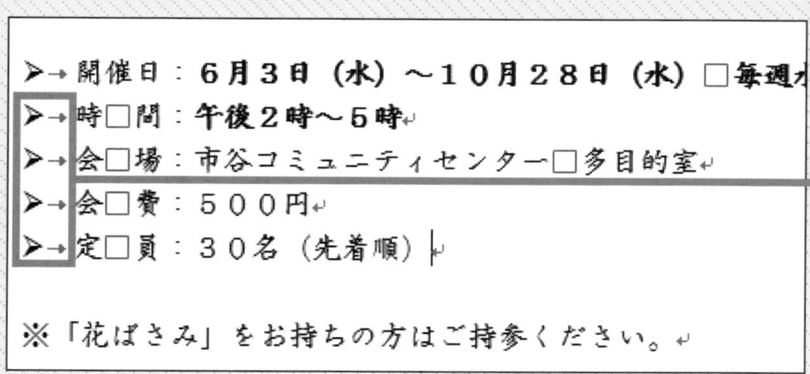
➢→開催日：6月3日（水）～10月28日（水）□毎週
➢→時□間：午後2時～5時
➢→会□場：市谷コミュニティセンター□多目的室
➢→会□費：500円
➢→定□員：30名（先着順）
※「花ばさみ」をお持ちの方はご持参ください。

8 記号が付きました

! 1行ずつ を左クリックしても同じです

おわり

解説 文字の配置や書式をもとに戻す

フォントやフォントサイズ、文字の配置など文書の体裁の設定を「書式」といいます。
中央揃えや右揃えのほか、フォントサイズやフォントなどの書式を変更した行を改行すると、次の行も同じ文字揃えや書式がそのまま反映されてしまいます。
次の行を通常の行にしたい場合は、ホーム タブの を左クリックして設定を解除します。

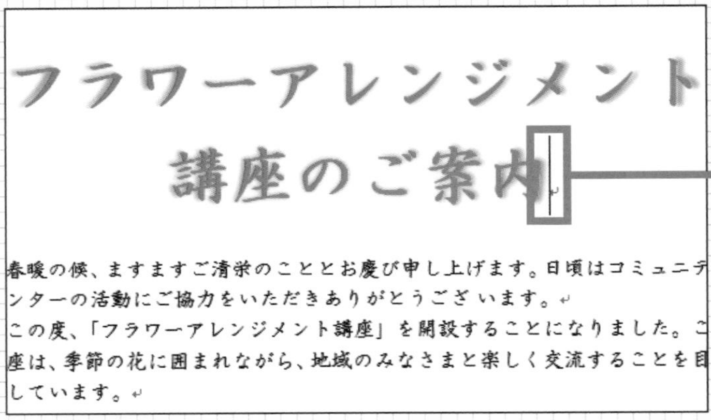
フラワーアレンジメント
講座のご案内
春暖の候、ますますご清栄のこととお慶び申し上げます。日頃はコミュニテ
ンターの活動にご協力をいただきありがとうございます。
この度、「フラワーアレンジメント講座」を開設することになりました。こ
座は、季節の花に囲まれながら、地域のみなさまと楽しく交流することを目
しています。

1 タイトルの行末に |《カーソル》 を移動し、Enter《エンター》 キーを押します

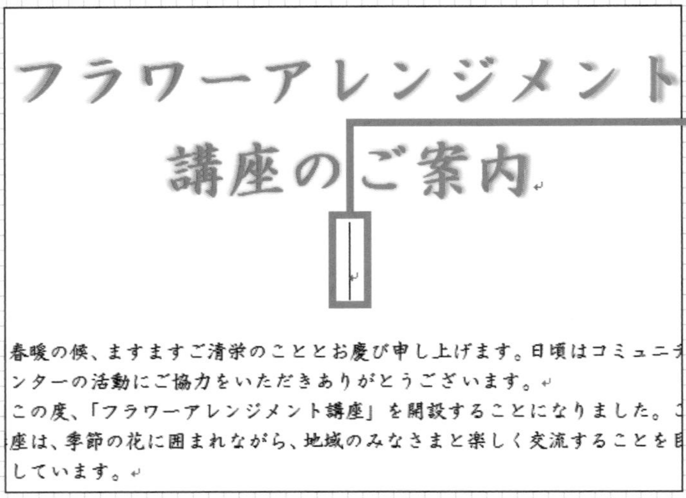
フラワーアレンジメント
講座のご案内
春暖の候、ますますご清栄のこととお慶び申し上げます。日頃はコミュニテ
ンターの活動にご協力をいただきありがとうございます。
この度、「フラワーアレンジメント講座」を開設することになりました。こ
座は、季節の花に囲まれながら、地域のみなさまと楽しく交流することを目
しています。

2 中央揃えになってしまいました

上の行の設定がそのまま引き継がれてしまっています

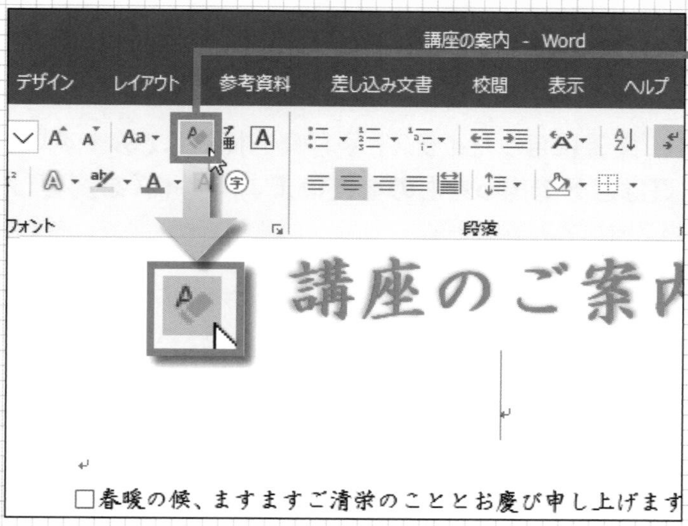

3 すべての書式をクリア を左クリックします

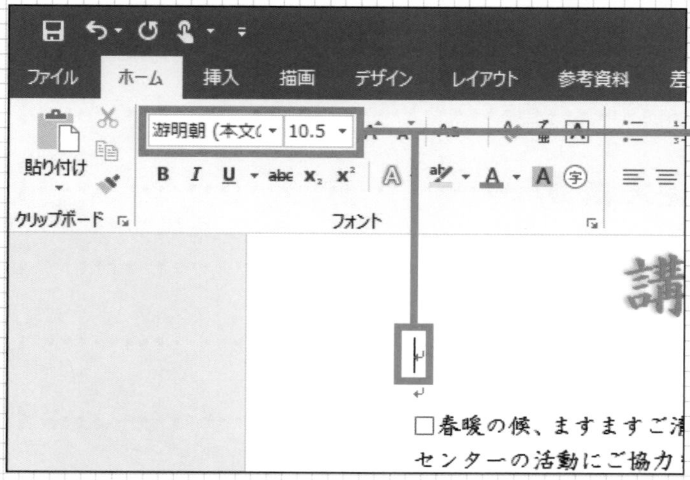

4 行が通常の設定に戻りました

■一部の書式を変更する

通常の行の文字揃えは「両端揃え」、フォントは「游明朝」、フォントサイズは「10.5」、フォントの色は「自動（黒）」になっています。もし、一部の書式のみを変更したい場合は、変更したい文字や行を選択し、書式を個別に設定しなおします。

第4章

イラストや写真を使った文書を作ろう

この章では、新たに文章を入力して、文書に合ったイラストや写真を挿入してみます。イラストはインターネット上で検索し、写真は自分で撮ったものを使います。サイズを変更したり、編集したりして文書内にバランスよく配置してみましょう。

この章でできるようになること

ワードアートを使った
タイトルを挿入できます
（104～107ページ）

令和２年5月１日

主催：白金町自治会

城めぐりツアーのお知らせ

日頃より白金町自治会の活動にご賛同いただきありがとうございます。

さて、本年度のイベントは、お城をめぐるバスツアーを企画いたしました。各コースをご参照のうえ、お申し込みください。たくさんのご参加をお待ちしております。

イラストを検索して
入れることができます
（108～115ページ）

●申込方法●
申込用紙に記載のうえ、5月25日までに自治会事務局へご提出ください。

白金町自治会　担当：赤谷
56-7777

自分で撮った写真を入れます。
サイズを変更したり、
枠を付けたりすることができます
（116～125ページ）

Section 35

はじめに文章を入れよう

最初に用紙の余白を設定します。ページ設定ができたら、文章を入力しましょう。日付などはあとから右揃えにします。

●操作に迷ったときは…… 左クリック 11ページ ドラッグ 12ページ 入力 40ページ

新規文書のページ設定をしよう

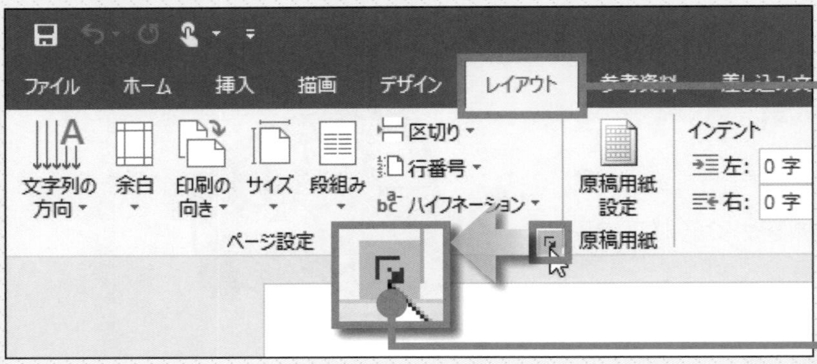

1 新規文書を開き、レイアウトを左クリックします

2 ページ設定の ⧉ を左クリックします

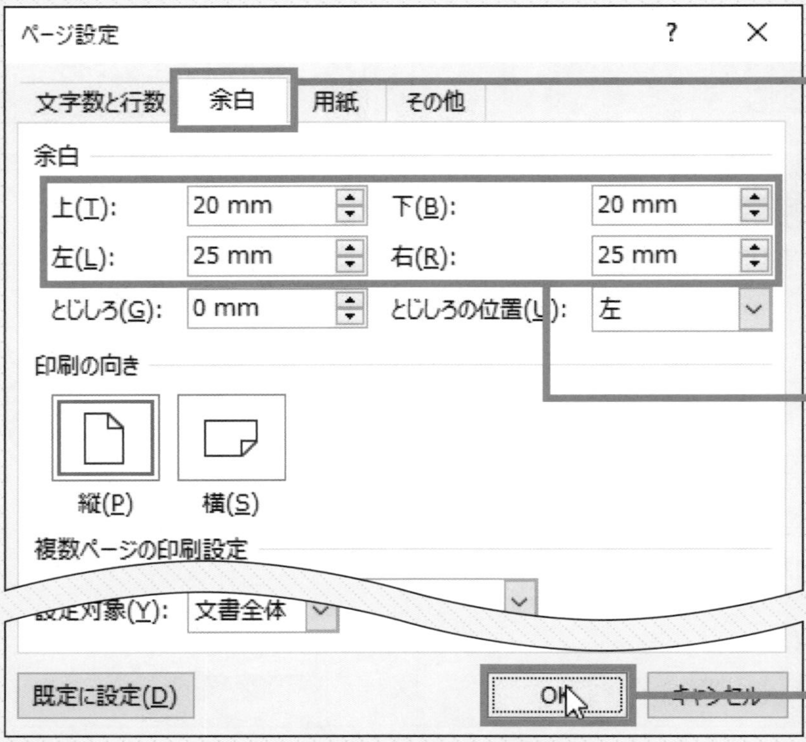

3 余白を左クリックします

4 ＜余白＞の上下を「20」、左右を「25」にします

5 OKを左クリックします

文字を入力しよう

令和２年５月１日↵
主催：白金町自治会↵
↵
城めぐりツアーのお知らせ↵

1 日付、主催、タイトルなど順に入力します

2 本文を入力します

文書を作成し始めたら、保存するとよいでしょう。ここでは「ツアーのお知らせ」とします

城めぐりツアーのお知らせ↵
↵
□日頃より白金町自治会の活動にご賛同いただきありがとうございます。↵
□さて、本年度のイベントは、お城をめぐるバスツアーを企画いたしました。各コースをご参照のうえ、お申し込みください。たくさんのご参加をお待ちしております。↵
↵
↵
↵
↵
↵
↵
↵
↵
↵
↵
●申込方法●↵
申込用紙に記載のうえ、5月25日までに自治会事務局へご提出ください。↵
↵
白銀町自治会□担当：赤谷↵
電話 012-3456-7777↵

3 Enter《エンター》キーを押して10行あけます

4 最後の文章を入力します

! ●は「まる」を変換します

次へ

文字を右に揃えよう

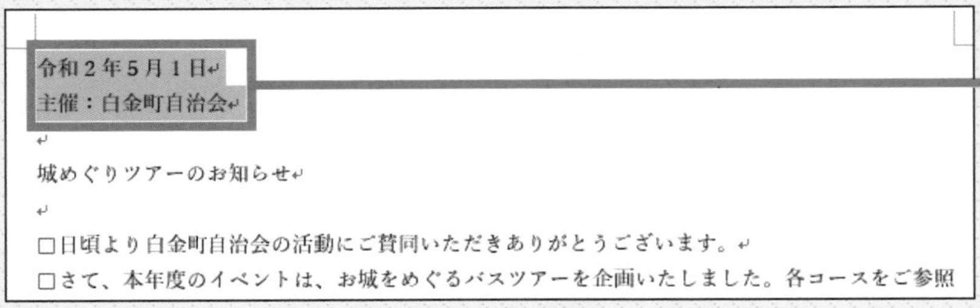

1 この行をドラッグして選択します

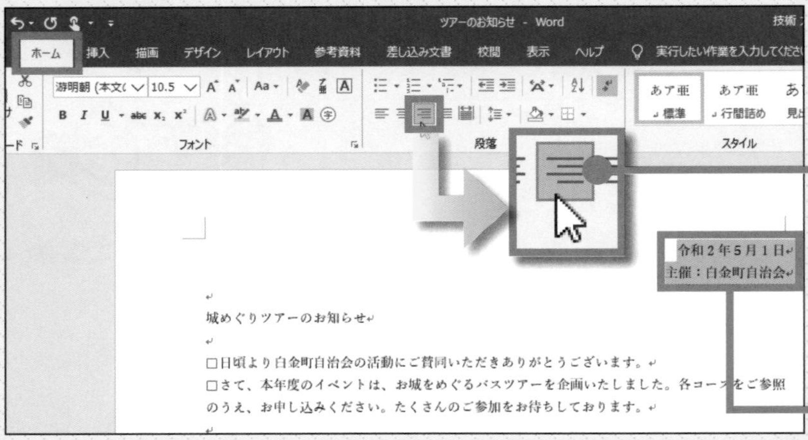

2 ホーム タブの 右揃え を左クリックします

3 右に揃いました

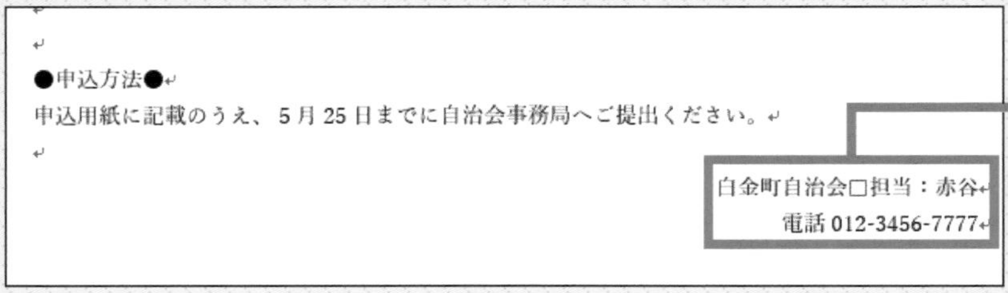

4 この２行も右に揃えます

文字の種類と行間を変更しよう

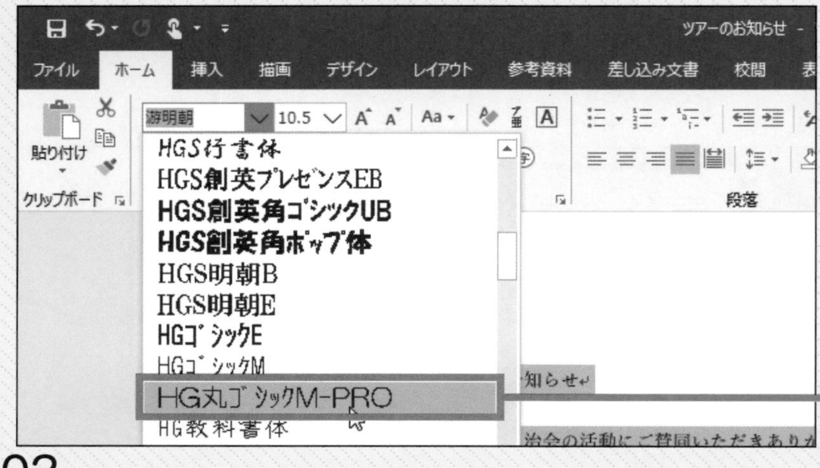

1 78～79ページを参考に、文書全体を選択して、フォントを左クリックします

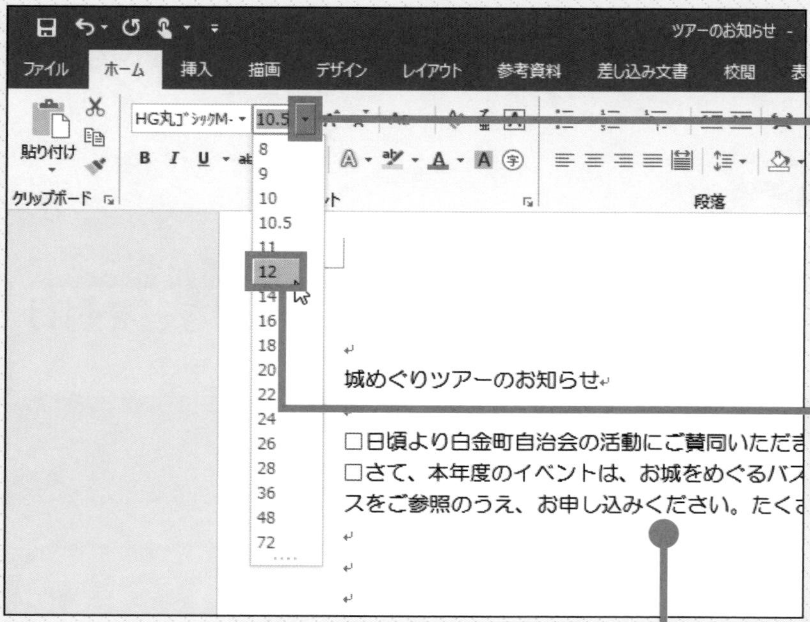

2 全体を選択したまま フォントサイズ 10.5 ∨ の ∨ を左クリックします

3 「12」を左クリックします

4 フォントサイズが変更されます

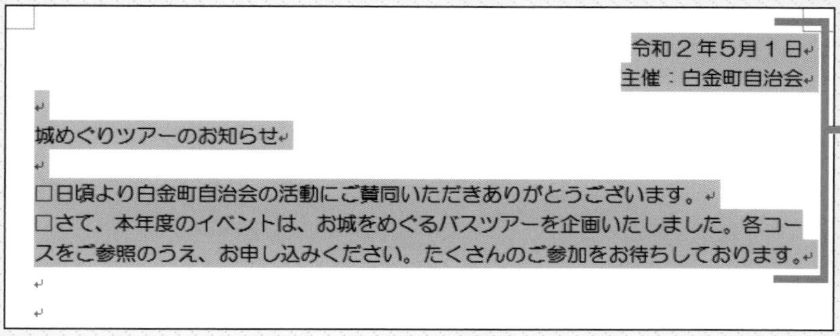

5 先頭から本文までドラッグして選択します

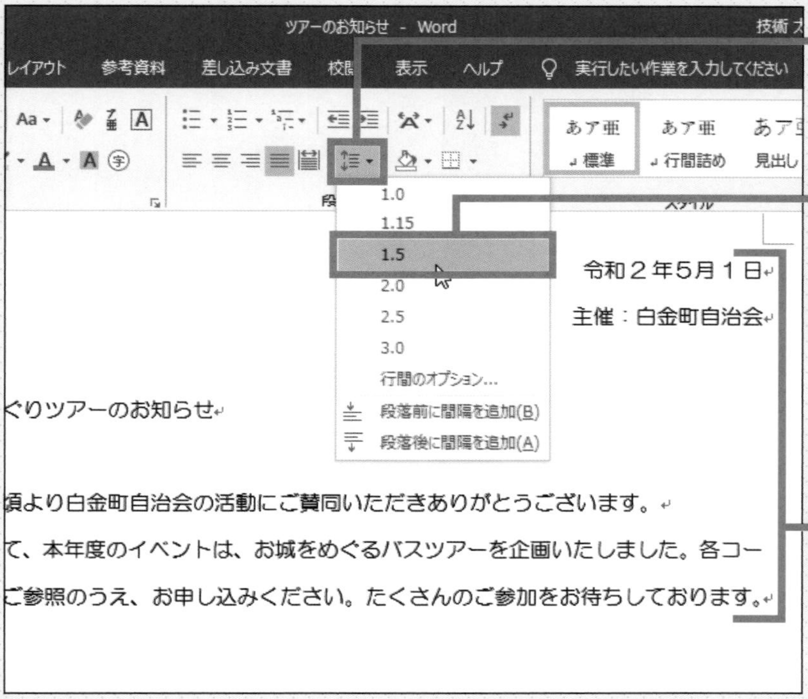

6 行と段落の間隔 ↕☰ を左クリックします

7 「1.5」を左クリックします

8 行間が広がりました

おわり

Section 36 カラフルなタイトルを入れよう

チラシなどのタイトルは、色を付けたり、文字の周りに光彩や影などを付けると効果的です。ここでは、ワードアートを使ってみましょう。

●操作に迷ったときは…… 左クリック 11ページ ドラッグ 12ページ

ワードアートを挿入しよう

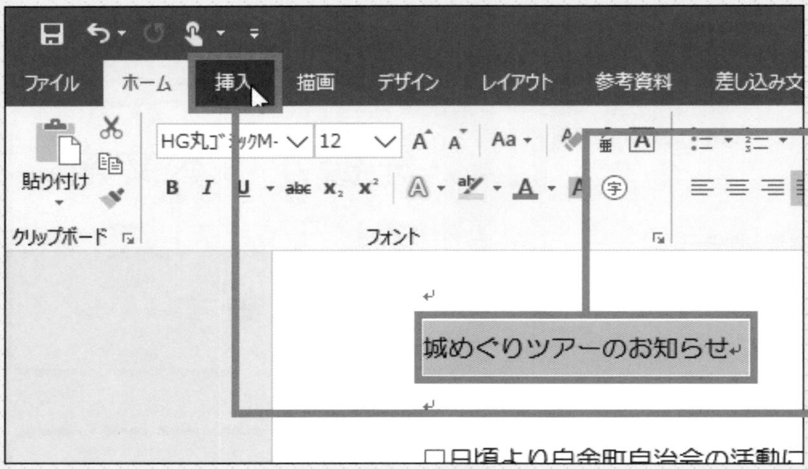

1 タイトルの文字をドラッグして選択します

2 挿入 を左クリックします

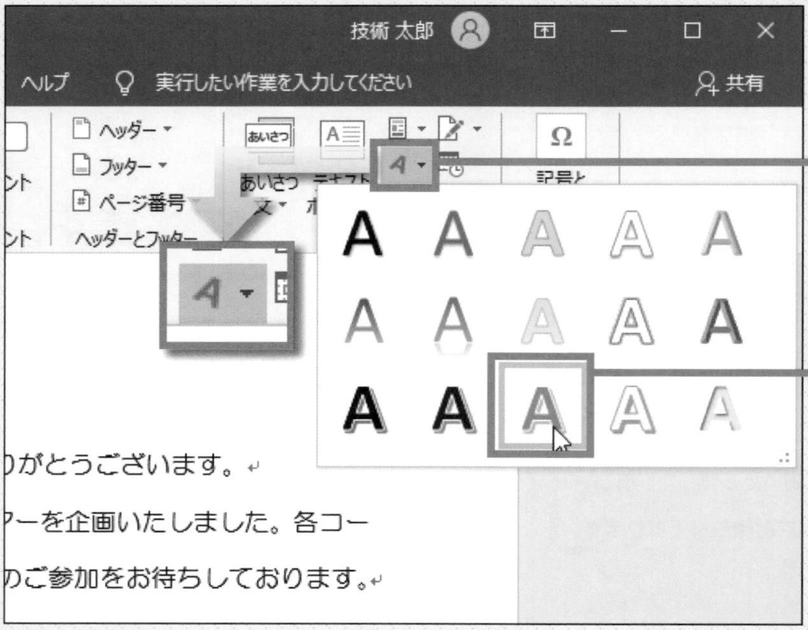

3 ワードアート を左クリックします

4 種類を左クリックします

! 手順1で文字を選択せずに、手順4のあとに表示されるテキストボックスに直接入力してもかまいません

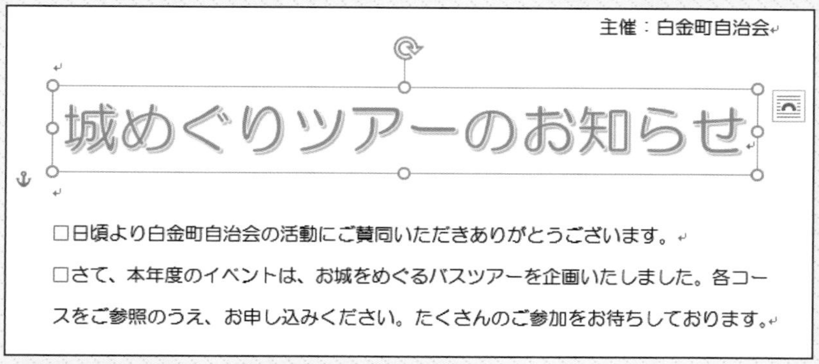

5 ワードアートが挿入されました

! ワードアートはテキストボックスなので、移動が自由にできます

ワードアートのフォントを変更しよう

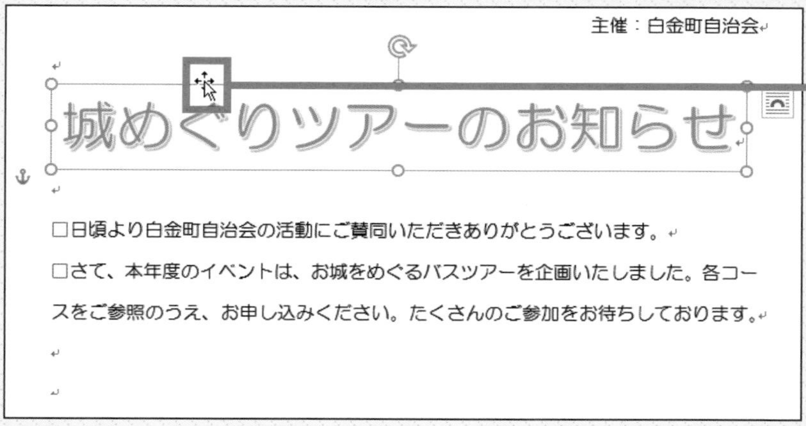

1 ワードアートの枠線に 《ポインター》 を近づけて、 の形になったら左クリックします

! これでワードアートの選択状態になります

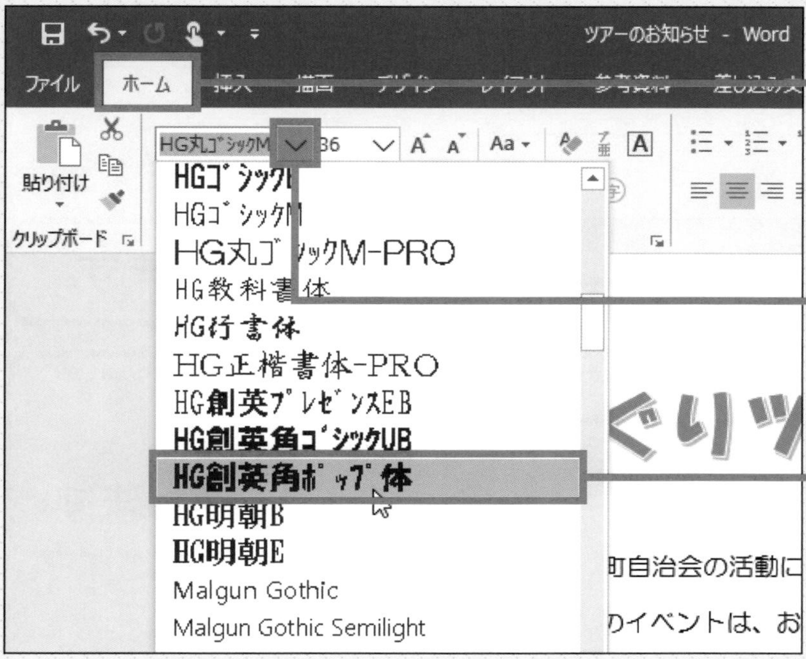

2 ホーム を左クリックします

3 HG丸ｺﾞｼｯｸM-《フォント》 の ∨ を左クリックします

4 このフォントを左クリックします

次へ

ワードアートに色や効果を付けよう

1 ワードアートを選択します

2 書式 を左クリックします

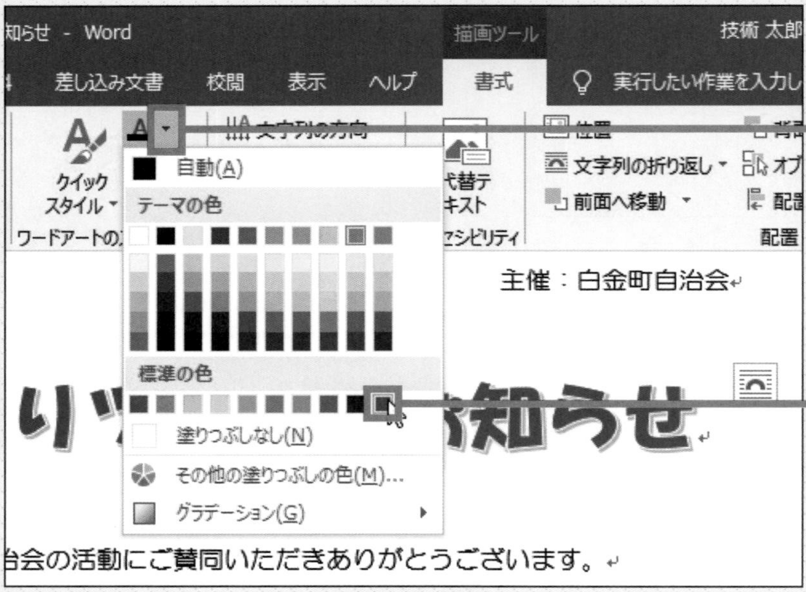

3 文字の塗りつぶし
の ▾ を左クリックします

4 色を左クリックします

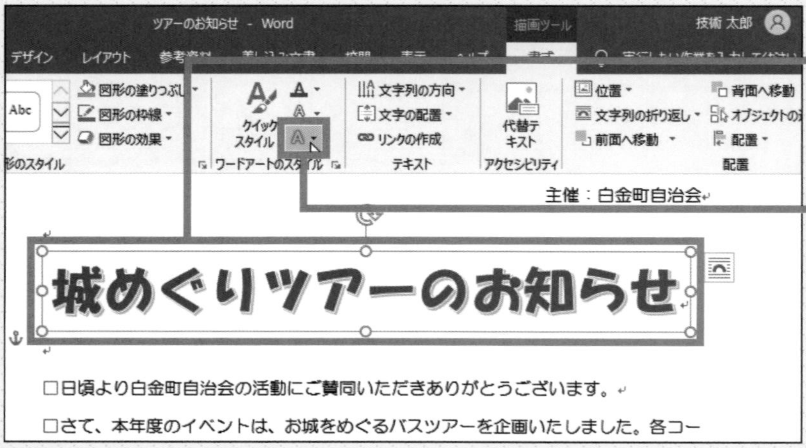

5 色が変わります

6 文字の効果
を左クリックします

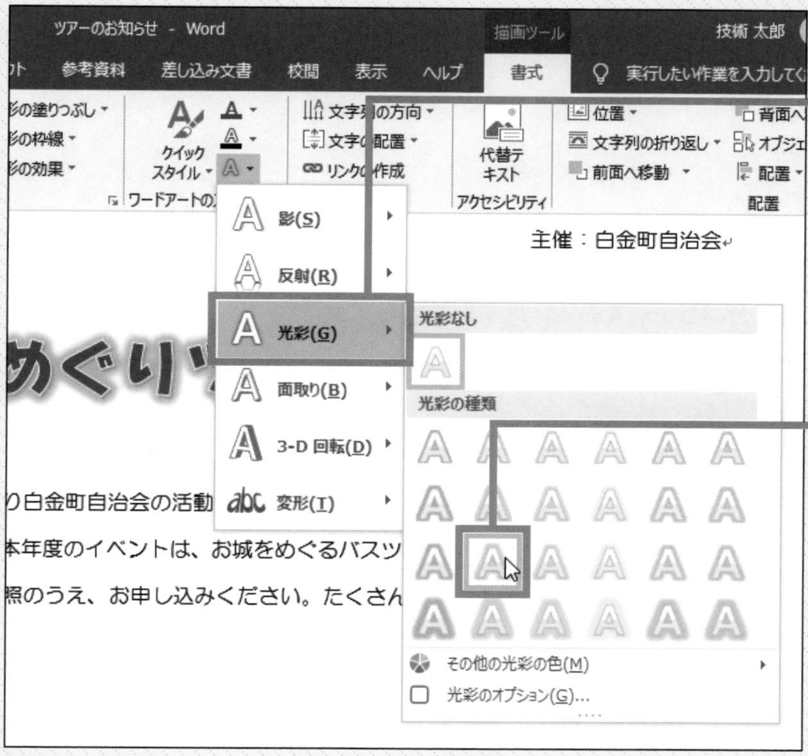

7 光彩(G) を左クリックします

8 種類を左クリックします

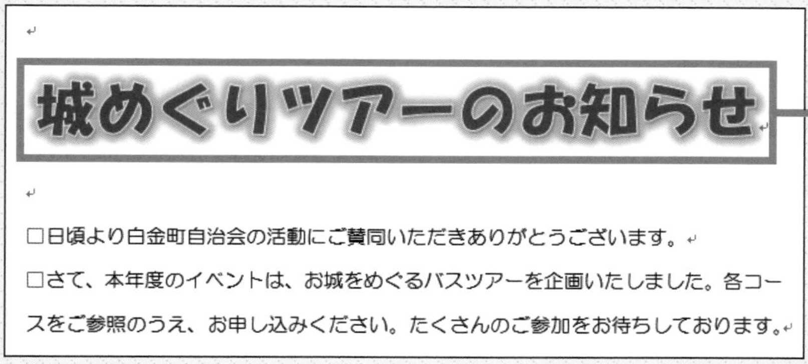

9 効果が付きました

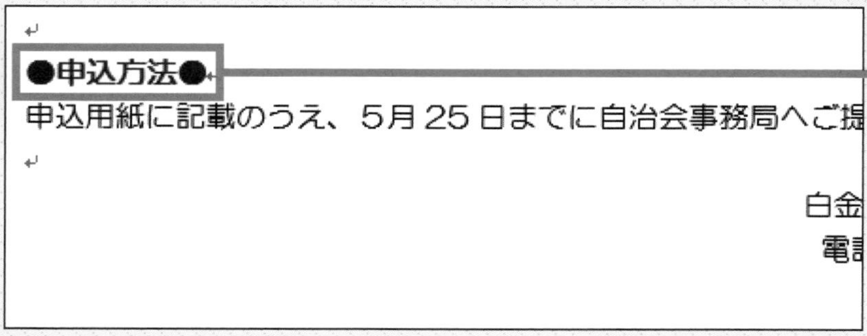

10 なお、この部分は「濃い青」の太字にしました

おわり

Section 37 文書にイラストを入れよう

文書にイラストを入れると、印象がやわらかくなります。ここで利用するイラストは、「オンライン画像」の「クリップアート」から検索します。

●操作に迷ったときは…… 左クリック 11ページ キー 14ページ 入力 40ページ

検索画面を表示しよう

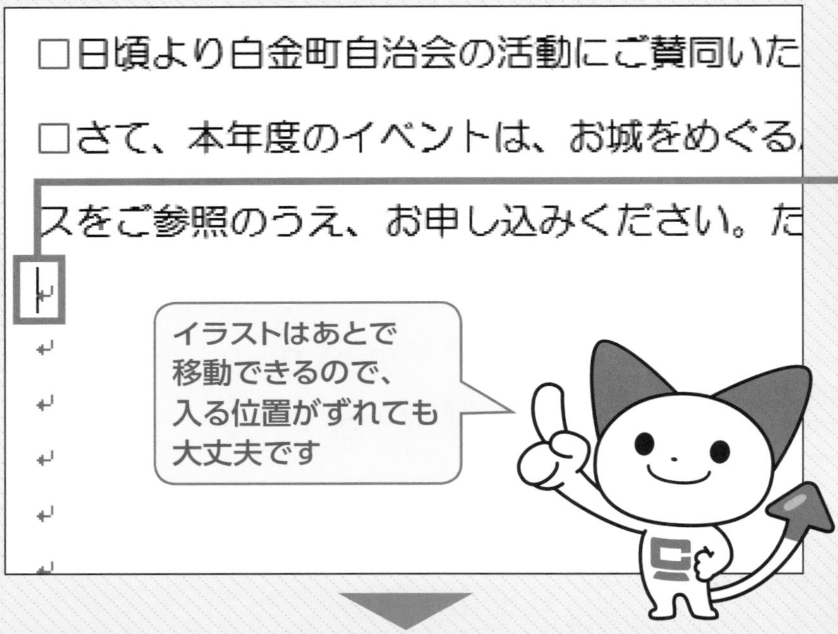

1 イラストを入れたい位置で左クリックして、カーソル を移動します

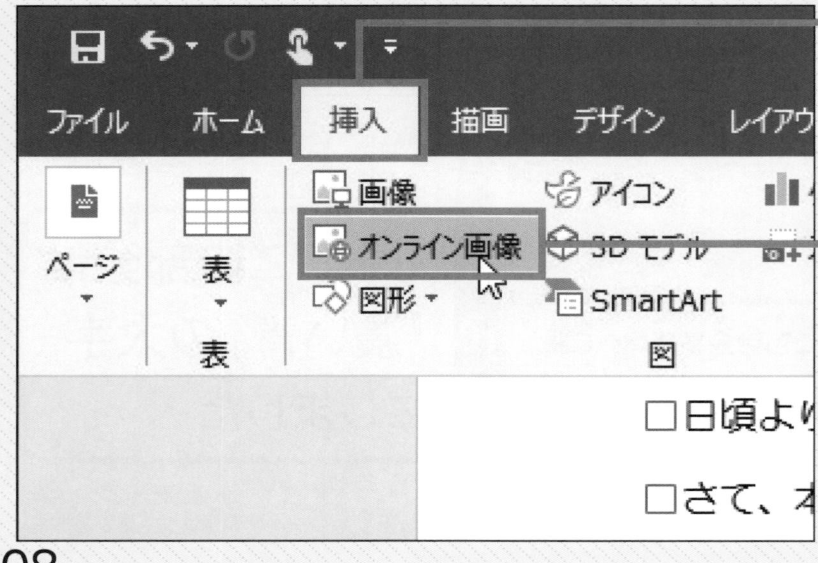

2 挿入 を左クリックします

3 オンライン画像 を左クリックします

! <オンライン画像>を利用するには、インターネットに接続する必要があります

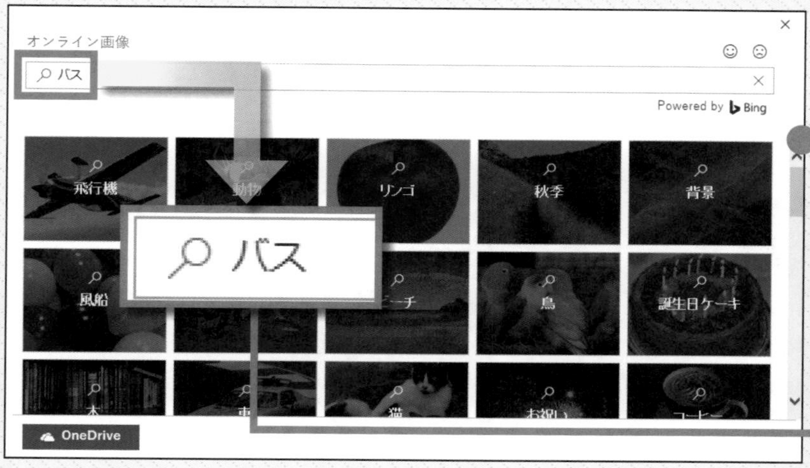

4 新しいウィンドウが表示されました

5 キーワード（ここでは「バス」）を入力して、Enter《エンター》キーを押します

入れたいイラストの名前や、そのイメージなどをキーワードにするとよいでしょう

イラストを選択して挿入しよう

1 ここを左クリックします

! 「Creative Commons のみ」はオンのままにしておきます

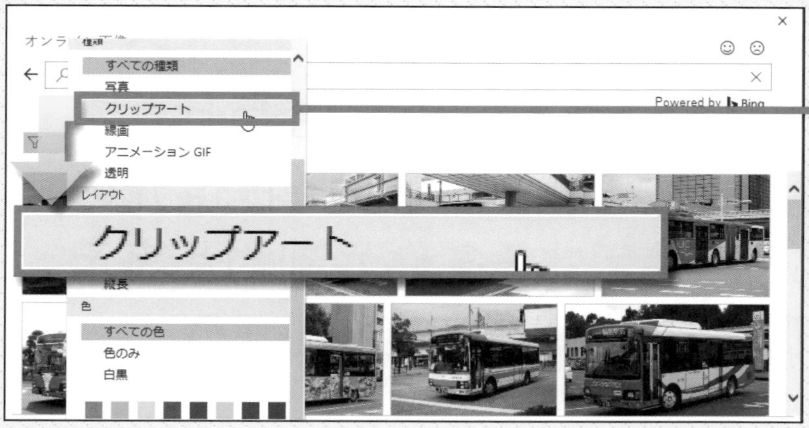

2 クリップアート を左クリックします

! ワードでは、イラストのことをクリップアートといいます

次へ

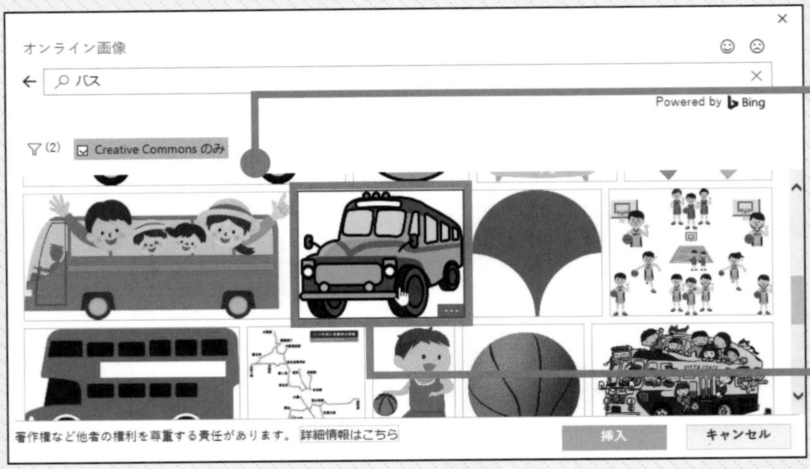

3 検索されたクリップアートが表示されます

4 使いたいイラストを左クリックします

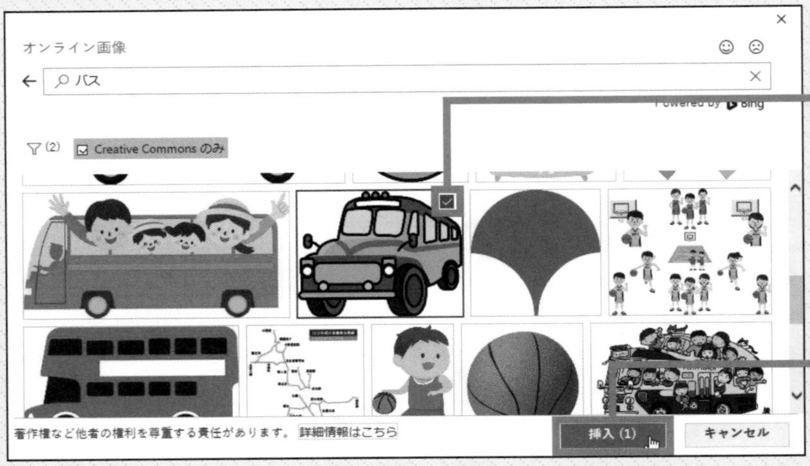

5 イラストが選択されます

6 挿入 を左クリックします

Column 使用許諾を確認する

インターネットで検索したイラストや画像には、著作権があります。著作権や使用許諾などを確認するには、使用したいイラストにポインターを合わせ、右下に表示される … を左クリックします。提供元のURLを左クリックすると、使用する条件や制約が表示されるので、内容を確認してから利用しましょう。

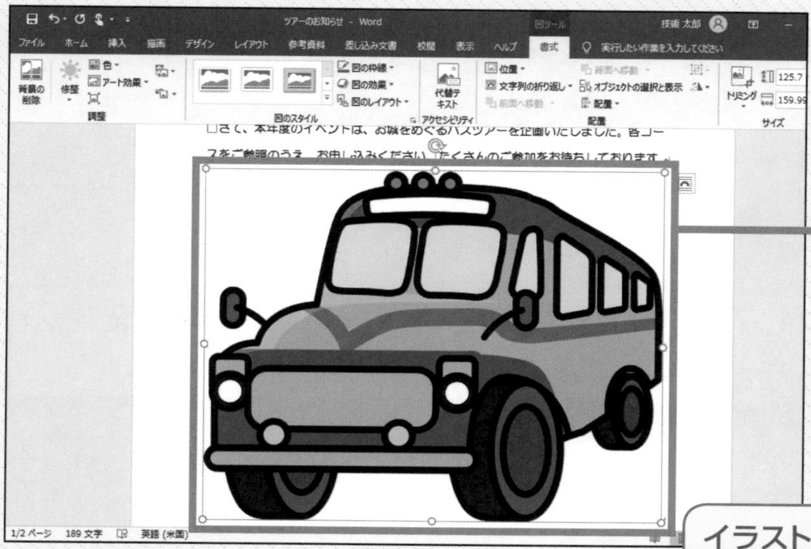

7 イラストが文書に挿入されました

! イラストによっては、画面いっぱいに表示されるものもあります（次のページでサイズを変更します）

イラストを選択すると、図ツール の 書式 タブが表示されます

8 文書内を左クリックします

9 イラストの選択が解除されます

おわり

Column 挿入したイラストを削除する

イラストを左クリックすると周りに枠が表示され、イラストが選択された状態になります。イラストを選択して Delete キーを押すと、削除できます。
また、手順 7 でイラストを挿入した直後なら、クイックアクセスツールバーの ↶ を左クリックすれば挿入前の状態に戻ります。

Section 38 イラストの大きさを変えよう

イラストの大きさは、ドラッグして自由に変更することができます。文書のスペースに合わせて、イラストを小さくしてみましょう。

●操作に迷ったときは…… 左クリック 11ページ ドラッグ 12ページ

スをご参照のうえ、お申し込みください。たくさんのご参加をお待ちしております。

1 左クリックして、イラストを選択します

! イラストの周りに囲みが付けば、選択した状態です

2 隅に 《ポインター》 を移動します

スをご参照のうえ、お申し込みください。たくさんのご参加をお待ちしております。

3 ○の上に移動すると、形が⤡になりました

! ◎は「サイズ変更ハンドル」といいます

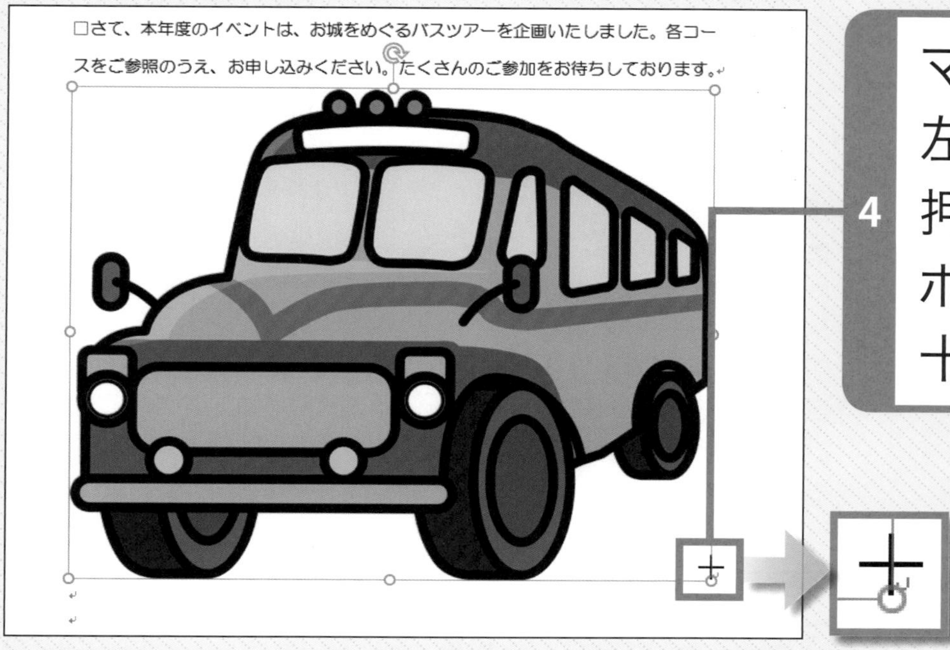
□さて、本年度のイベントは、お城をめぐるバスツアーを企画いたしました。各コー
スをご参照のうえ、お申し込みください。たくさんのご参加をお待ちしております。

4 マウスの左ボタンを押して動かすと、ポインターの形が十字になります

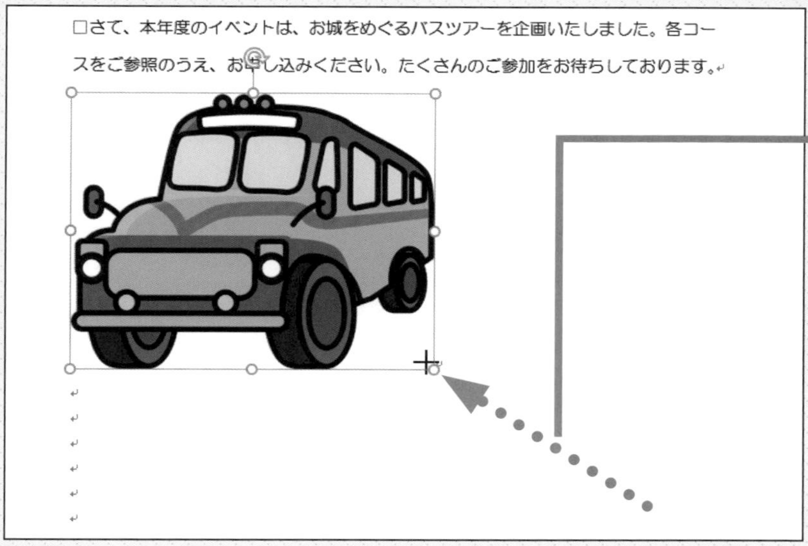
□さて、本年度のイベントは、お城をめぐるバスツアーを企画いたしました。各コー
スをご参照のうえ、お申し込みください。たくさんのご参加をお待ちしております。

5 そのまま左上にドラッグします

! 四隅以外の ◎ をドラッグすると、縦／横のみのサイズが変更されてしまうので注意してください

反対方向にドラッグすると大きくすることができます

□日頃より白金町自治会の活動にご賛同いただきありがとうございます。
□さて、本年度のイベントは、お城をめぐるバスツアーを企画いたしました。各コー
スをご参照のうえ、お申し込みください。たくさんのご参加をお待ちしております。

6 イラストの大きさが変わりました

おわり

Section 39

イラストと文字の位置を調整しよう

イラストを文書内に配置しましょう。文字列がイラストに隠れてしまわないように、イラストを配置する際の文字列の折り返しを設定します。

●操作に迷ったときは…… 左クリック 11ページ　ドラッグ 12ページ

1 イラストを左クリックします

2 レイアウトオプション を左クリックします

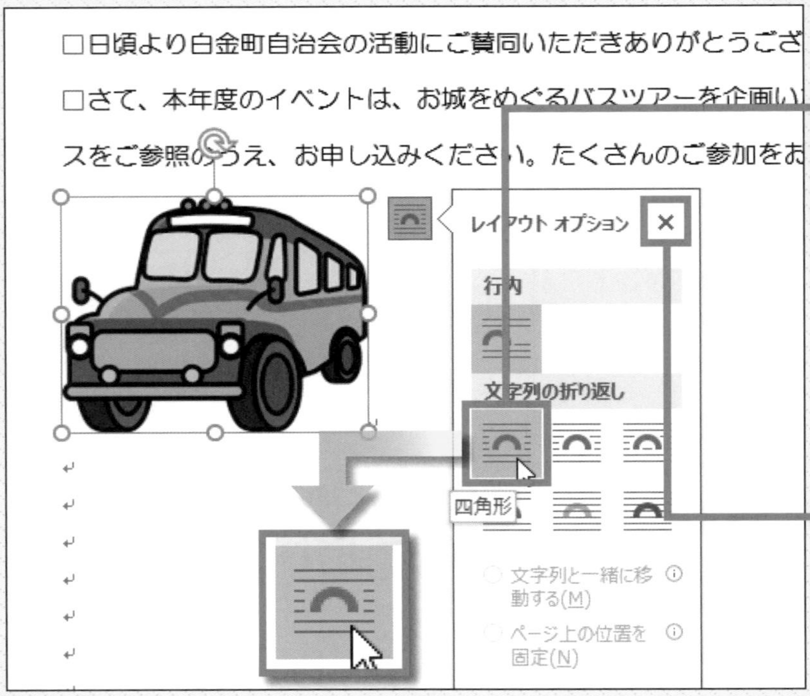

3 四角形 を左クリックします

! 四角形 以外を選ぶと、イラストの位置を動かすことができます

4 閉じる ×を左クリックして、<レイアウトオプション>画面を閉じます

□日頃より白金町自治会の活動にご賛同いただきありがとうござ
□さて、本年度のイベントは、お城をめぐるバスツアーを企画い
スをご参照のうえ、お申し込みください。たくさんのご参加をお

5
イラストを
左クリックして、
イラスト内に
《ポインター》を移動すると
の形になります

が の形になると、
図形を移動することができます

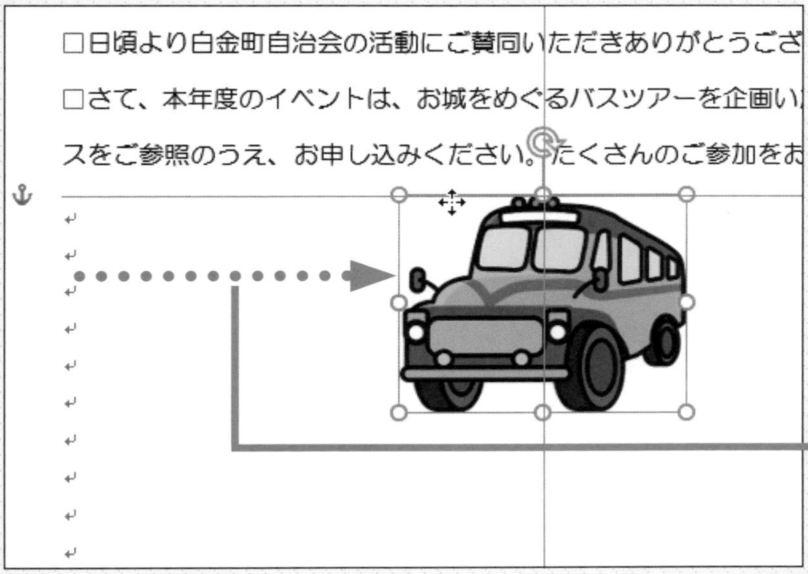
□日頃より白金町自治会の活動にご賛同いただきありがとうござ
□さて、本年度のイベントは、お城をめぐるバスツアーを企画い
スをご参照のうえ、お申し込みください。たくさんのご参加をお

6
そのまま
ドラッグします

! 移動の際に、緑の線が縦横に表示されます（設定によっては表示されません）。「配置グリッド」といい、これを使用すると文字位置に合わせやすくなります

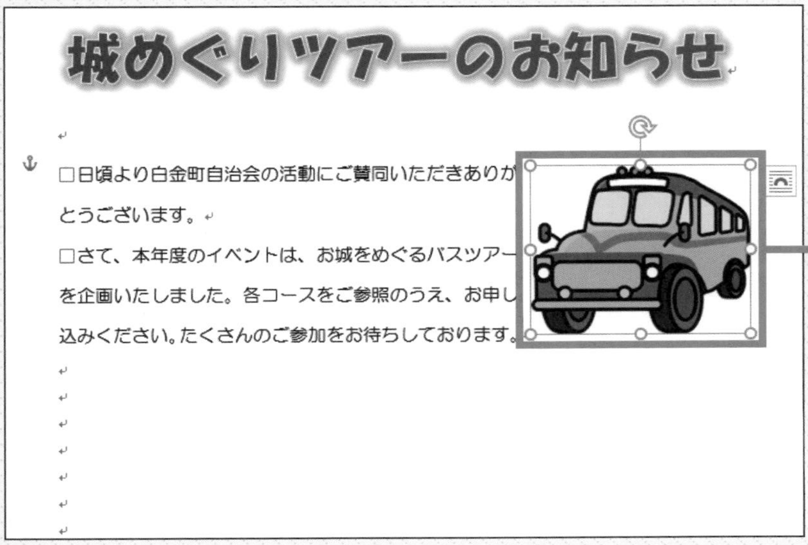
城めぐりツアーのお知らせ
□日頃より白金町自治会の活動にご賛同いただきありが
とうございます。
□さて、本年度のイベントは、お城をめぐるバスツアー
を企画いたしました。各コースをご参照のうえ、お申し
込みください。たくさんのご参加をお待ちしております。

7
イラストが
移動しました

! 文書のスペースに合うようにサイズを調整します

おわり

Section 40 写真を入れよう

文書に写真が入るとより効果的です。ここでは、自分で撮った写真を入れてみましょう。写真データは、パソコンに保存しておきます。

●操作に迷ったときは…… 左クリック 11ページ ダブルクリック 12ページ

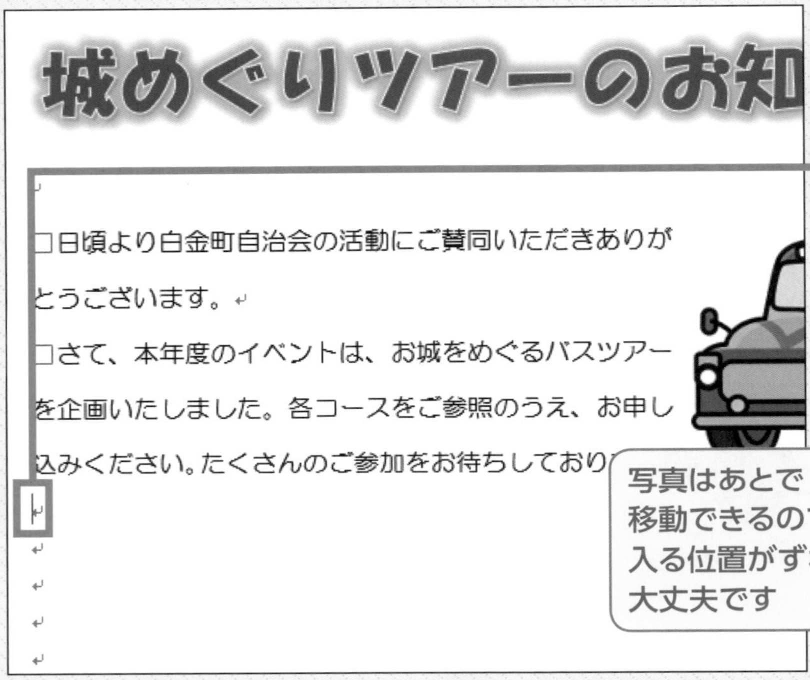

1 写真を入れたい位置で左クリックし |《カーソル》を移動します

写真はあとで移動できるので、入る位置がずれても大丈夫です

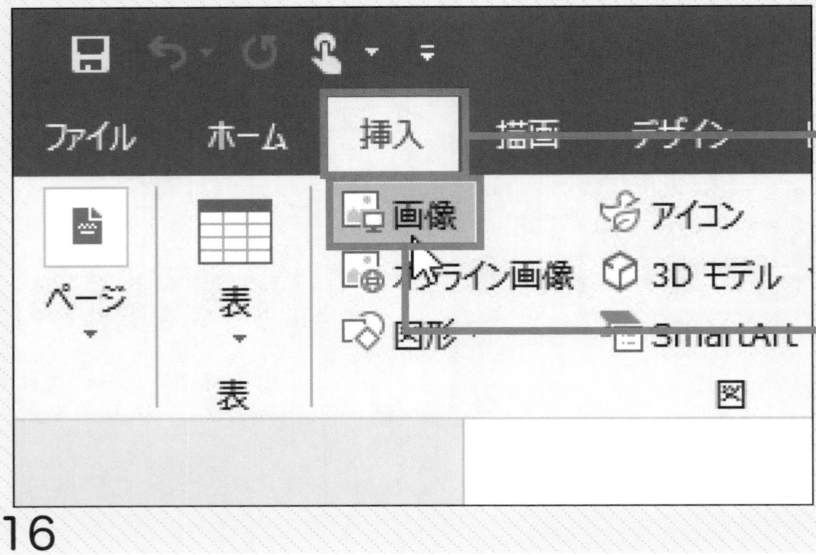

2 挿入 を左クリックします

3 画像 を左クリックします

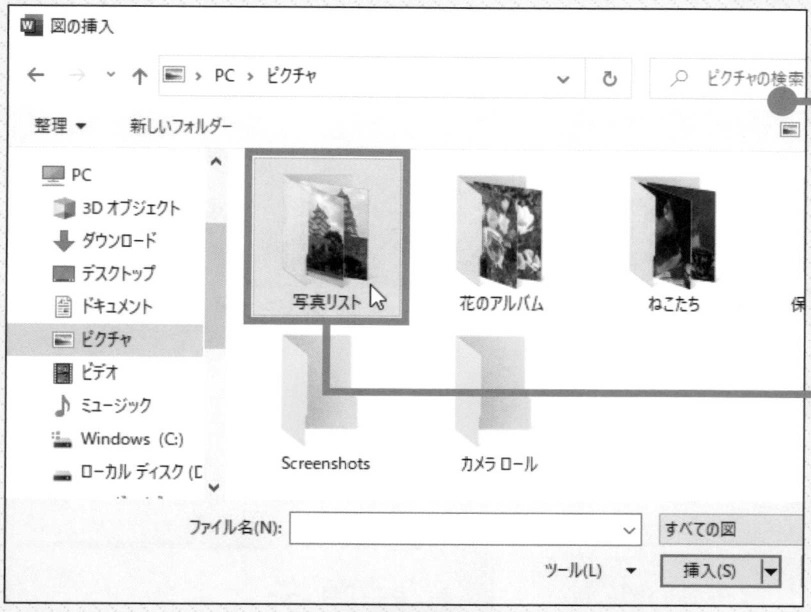

4 新しいウィンドウが表示されました

5 挿入する写真の保存先をダブルクリックします

ここでは、パソコンに保存しておいた写真を使います

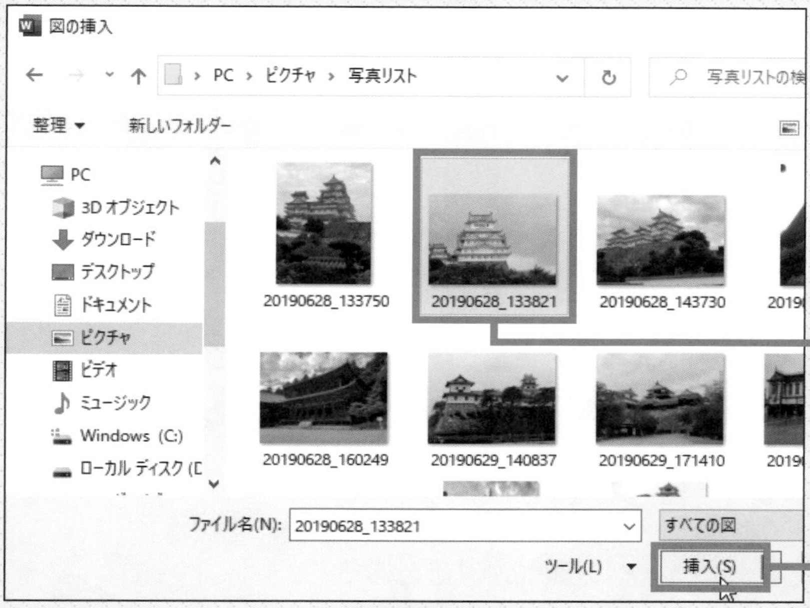

6 写真を左クリックします

7 挿入(S) を左クリックします

8 写真が挿入されました

! 写真のサイズによっては画面いっぱいに表示されるものもあります

おわり

Section 41

写真の大きさを変えよう

写真の大きさは、ドラッグして自由に変更することができます。文書のスペースに合わせて、写真を小さくしてみましょう。

●操作に迷ったときは…… 左クリック 11ページ　ドラッグ 12ページ

1 写真を左クリックします

! 写真の周りに囲みが付けば、写真が選択された状態です

2 隅にI《ポインター》を移動します

四隅の◯部分ならどこを指してても大きさを変えられます

3 ◯の上に移動すると、ポインターの形が⤡になりました

4 マウスの左ボタンを押して動かすと、ポインターの形が十字になります

5 そのままドラッグします

! 四隅以外の ◎ をドラッグすると、縦／横のみのサイズが変更されてしまうので注意してください

ちょうどよい大きさになるように何度も調整してみましょう

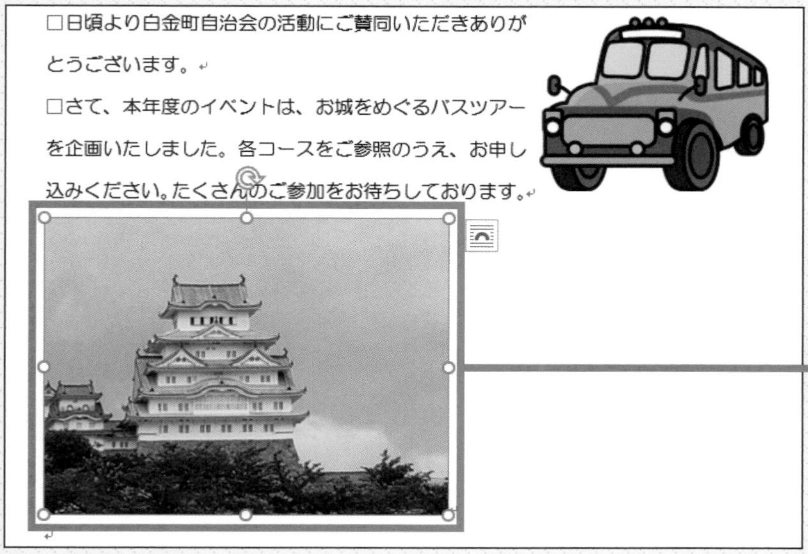
□日頃より白金町自治会の活動にご賛同いただきありがとうございます。
□さて、本年度のイベントは、お城をめぐるバスツアーを企画いたしました。各コースをご参照のうえ、お申し込みください。たくさんのご参加をお待ちしております。

6 写真の大きさが変わりました

おわり

Section 42 写真と文字の位置を調整しよう

写真を文書内に配置しましょう。写真を自由に移動できるように、写真を配置する際の文字列の折り返しを設定します。

●操作に迷ったときは……
左クリック 11ページ　ドラッグ 12ページ

□さて、本年度のイベントは、お城をめぐるバスツアー
を企画いたしました。各コースをご参照のうえ、お申し
込みください。たくさんのご参加をお待ちしております。

1 写真を左クリックします

2 レイアウトオプション を左クリックします

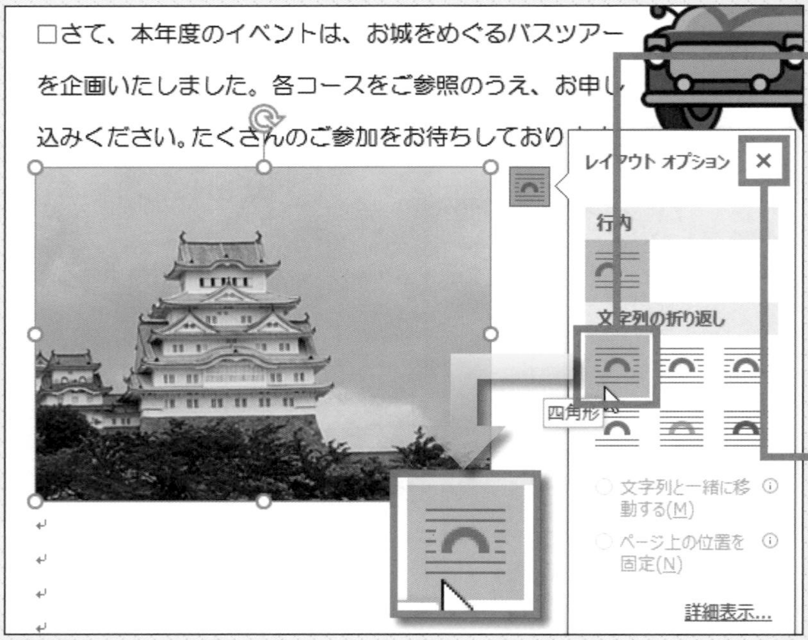
□さて、本年度のイベントは、お城をめぐるバスツアー
を企画いたしました。各コースをご参照のうえ、お申し
込みください。たくさんのご参加をお待ちしており
レイアウト オプション
行内
文字列の折り返し
四角形
文字列と一緒に移動する(M)
ページ上の位置を固定(N)
詳細表示...

3 四角形 を左クリックします

! 以外を選ぶと、写真の位置を動かすことができます

4 閉じる を左クリックして、<レイアウトオプション>画面を閉じます

5 写真内にI《ポインター》を移動すると✥の形になります

Iが✥の形になると、図形を移動することができます

6 そのままドラッグします

7 写真が移動しました

! 文書に合うようにサイズも調整します

おわり

Column 文字列の折り返し

写真やイラストを選択すると表示される 書式 タブに、 文字列の折り返し があります。ここから文字列の折り返しの種類を選択することもできます。

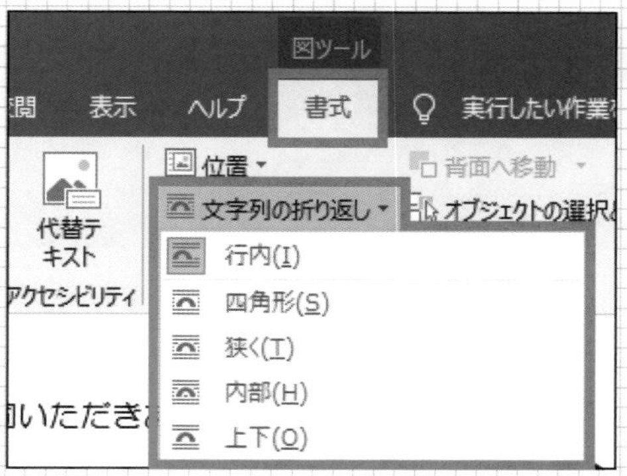

Section
43 写真を加工しよう

自分で撮った写真は、暗かったりしてうまく撮れていない場合があります。ワードの写真を加工する機能を利用して、明るくしてみましょう。

●操作に迷ったときは…… 左クリック 11ページ

1 写真を左クリックして選択します

2 書式 タブを左クリックします

！ 写真をダブルクリックしても 書式 タブを表示できます

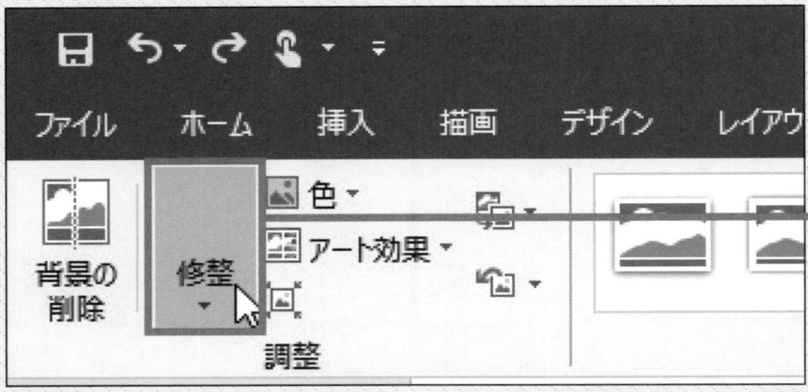

3 修整 を左クリックします

！ ワード上で加工しても、もとの写真に影響はありません

4 「明るさ」に《ポインター》を移動します

5 プレビュー表示されます

6 ちょうどよい明るさを左クリックします

7 写真が加工されました

おわり

Column もとの明るさに戻す

を左クリックして表示される＜明るさ/コントラスト＞の中央の写真がもとの明るさです。もとに戻したいときは、この明るさを左クリックします。

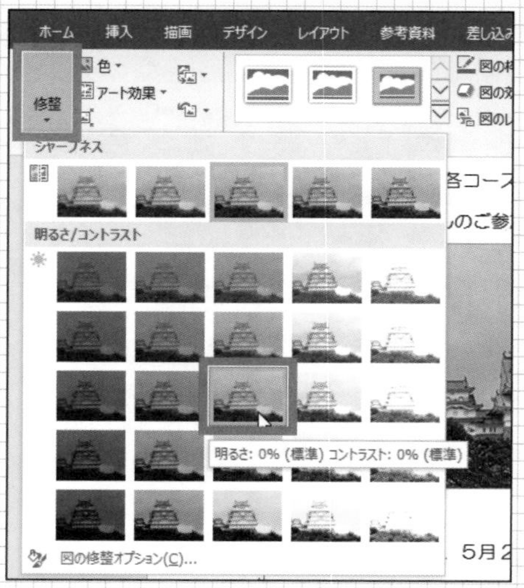

Section 44 写真の周りに飾り枠を付けよう

ワードには、写真に枠を付けたり、角度を変えたりする効果（スタイル）がたくさん用意されています。ここでは、写真に枠を付けて効果的に見せましょう。

●操作に迷ったときは…… 左クリック 11ページ

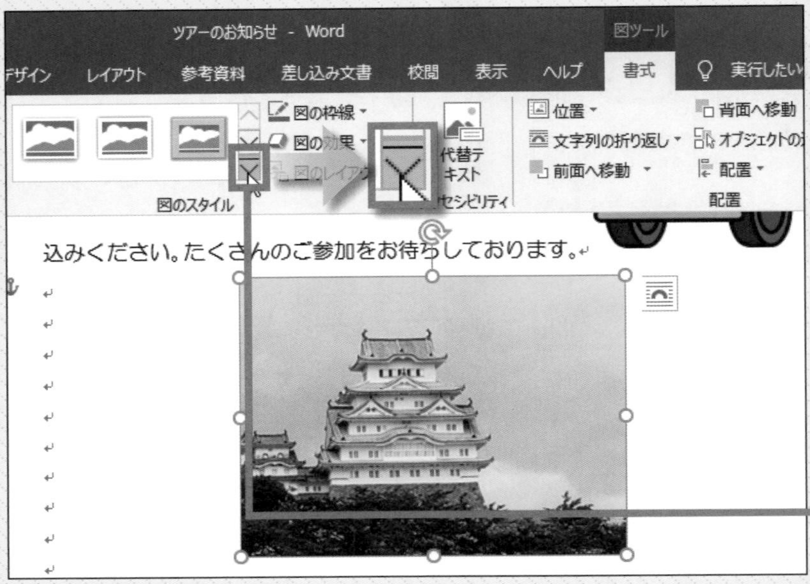

1 写真を左クリックして選択します

2 ここを左クリックします

！ウィンドウサイズによっては、<クイックスタイル>を左クリックします

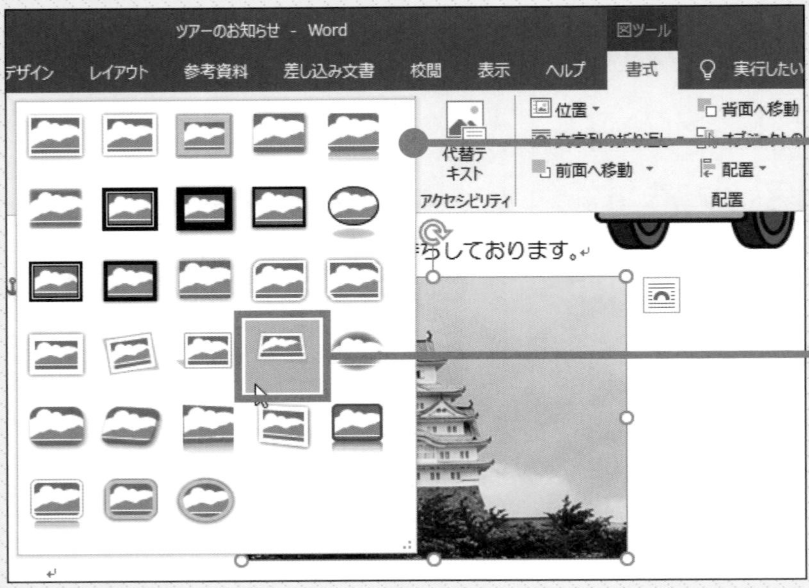

3 スタイルの一覧が表示されました

4 このスタイルを左クリックします

5 写真に枠が付きました

おわり

Column 写真のスタイル

ここでは枠を付けましたが、回転やぼかし、影付きなど、好みのスタイルを利用しましょう。

・回転

・ぼかし

・背影の影付き

解説 変更したイラストや写真をもとに戻す

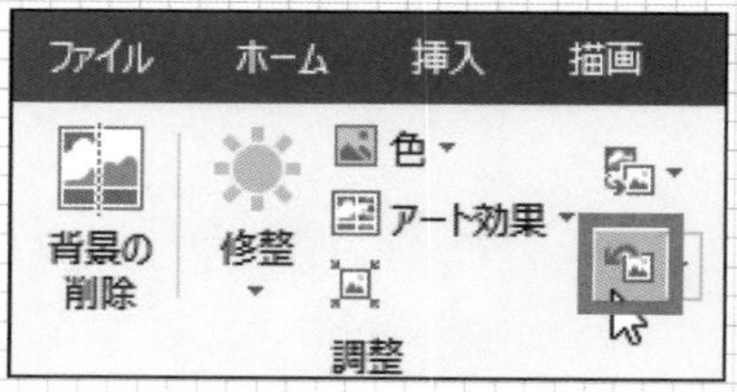

文書に挿入したイラストや写真のサイズやスタイルをいろいろ変更したあとで、それらの変更を取りやめたい場合は、書式タブの＜図のリセット＞を左クリックします。

第5章

文書に図と表を入れよう

文書に図や表を追加したり、全体をカラフルな線で囲んでみましょう。表はかんたんに作ることができるので、きれいなデザインに仕上げましょう。また、ページの周りを罫線で囲むと、文書がさらに目立つようになります。

この章でできるようになること

文書全体をカラフルな線で囲むことができます（142ページ）

城めぐりツアーのお知らせ

日頃より白金町自治会の活動にご賛同いただきありが

お知り合いも
お誘いください。

コース	日　程	費　用	特　典	責任者
姫路城	6月10日	9,000円	書写山散策	青山
今治城	6月21日	8,500円	タオル美術館	桃田
松山城	7月11日	8,800円	坊ちゃん電車	黒木
丸亀城	7月25日	8,200円	丸亀うちわ作り	紺野

●申込方法●

申込用紙に記載のうえ、5月25日までに自治会事務局へご提出ください。

図形の吹き出しを入れて色を付けることができます（128～135ページ）

かんたんに表を作成できます（136～141ページ）

Section 45 図形を描こう

ワードの「図形」にはさまざまな図が用意されています。図形を選択して、画面上をドラッグすると図形が描けます。ここでは吹き出しを描きます。

●操作に迷ったときは……　左クリック 11ページ　ドラッグ 12ページ

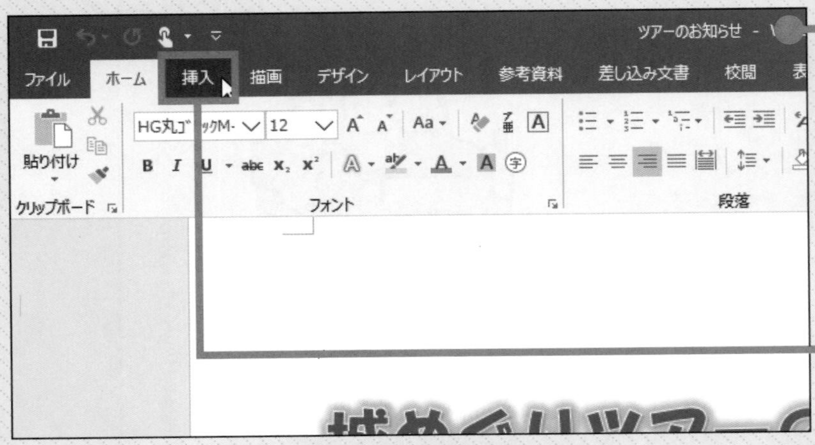

1 125ページで完成した文書を開きます

2 挿入 を左クリックします

3 図形 を左クリックします

4 吹き出しを左クリックします

5 ポインターの形が十字になります

6 そのままドラッグします

7 吹き出しが描かれました

! 吹き出しの形は、あとから調整します

おわり

Column 図形の種類を変更する

作成した図形をほかの図形に替えたい場合は、書式タブの を左クリックして、図形の変更(N) から変更したい吹き出しを左クリックします。

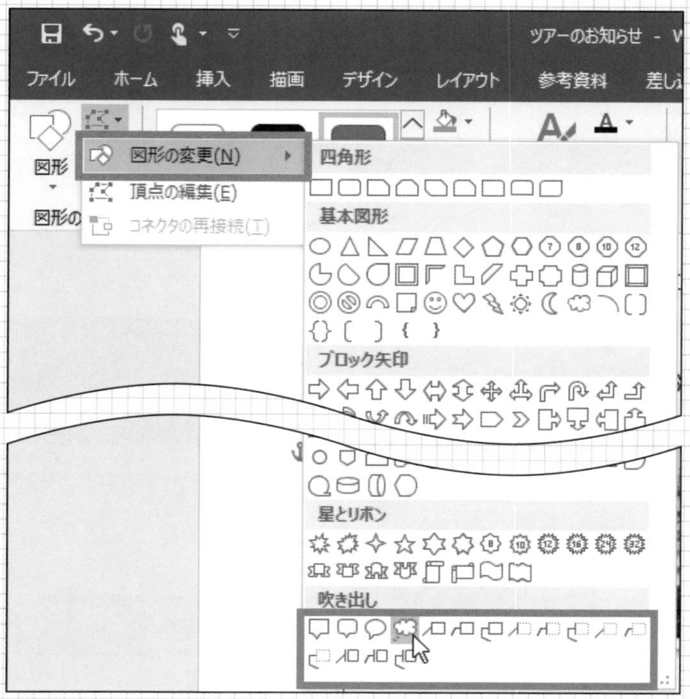

Section 46

図形の中に文字を入れよう

吹き出しを描くと、自動的にテキストが追加できるようになります。文字を入力して、フォントやフォントサイズ、フォントの色を変えてみましょう。

操作に迷ったときは…… 左クリック 11ページ ドラッグ 12ページ 入力 40ページ

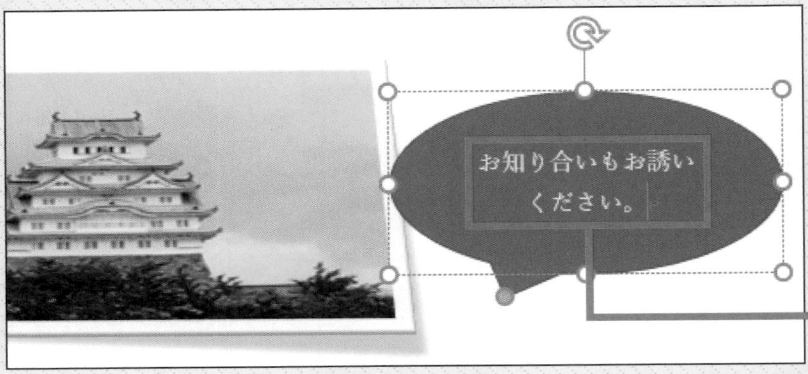

1 吹き出しの中を左クリックします

2 文字を入力します

3 ドラッグして文字を選択します

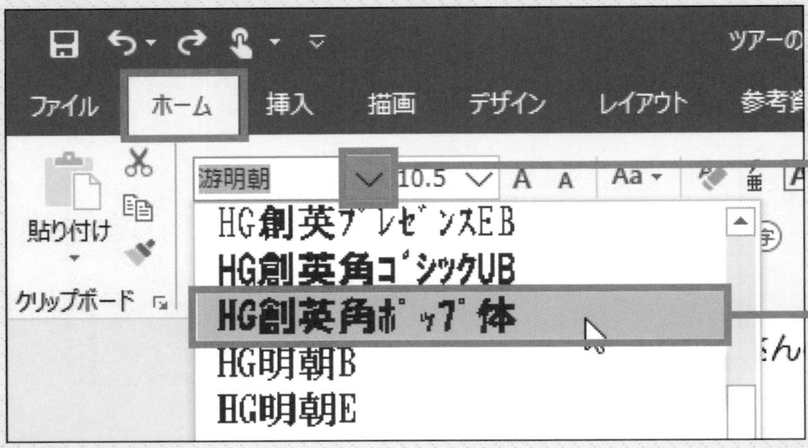

4 ホーム タブのここを左クリックします

5 フォントを左クリックします

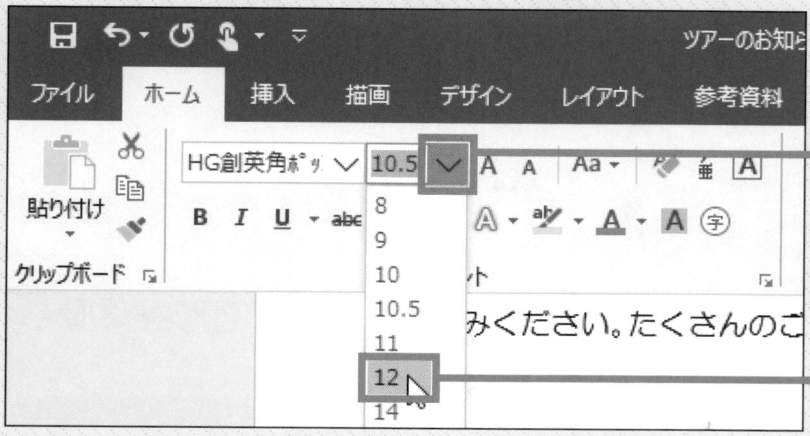

6 そのままここを左クリックします

7 フォントサイズを「12」にします

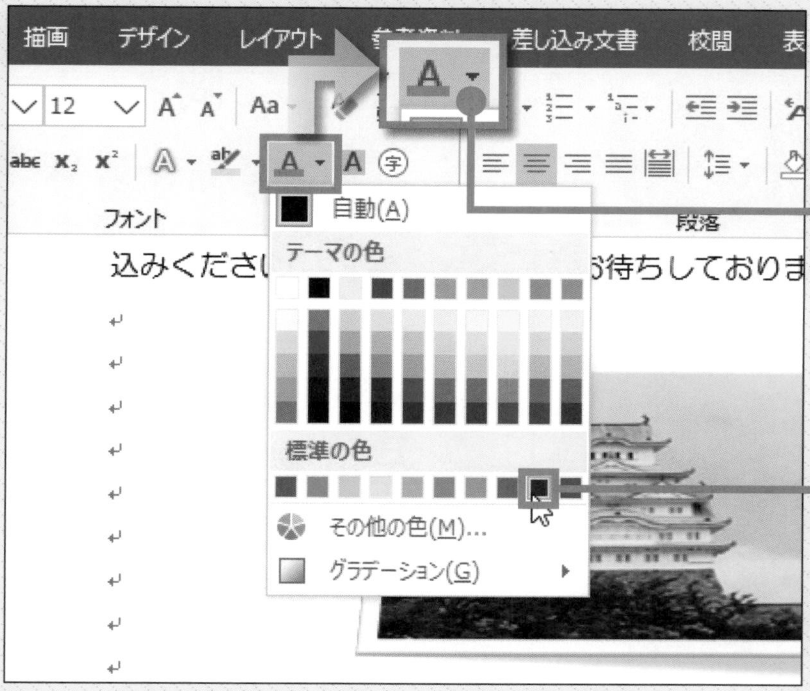

8 文字を選択したままここを左クリックします

9 色を左クリックします

10 フォント、フォントサイズ、フォントの色が変わりました

! 区切りのよい位置で改行します

おわり

Section 47
図形の位置を調整しよう

図形の大きさを変更したり、吹き出し口の位置を調整します。図形を移動して位置を調整し、バランスよく図形を配置しましょう。

操作に迷ったときは…… 左クリック 11ページ ドラッグ 12ページ

お知り合いも
お誘いください。

1 図形を選択して隅に《ポインター》を移動すると の形になります

お知り合いも
お誘いください。

2 マウスの左ボタンを押して動かすと、ポインターの形が十字になるので、そのままドラッグします

! マウスの左ボタンを押している間だけ+の形になります

お知り合いも
お誘いください。

3 図形の大きさが変わりました

お知り合いも
お誘いください。

4 吹き出し口を左クリックします

図形が小さすぎると
文字が切れてしまうので
注意しましょう

お知り合いも
お誘いください。

5 ドラッグして位置を移動します

お知り合いも
お誘いください。

6 図形をドラッグして移動します

お知り合いも
お誘いください。

7 吹き出し口や大きさ、位置などを調整します

移動の方法は、121ページを
参考にしてください

おわり

Section 48 図形に色を付けよう

図形を描くと、青色に塗りつぶされます。この色や効果を変更することができます。ここでは、ワードに用意されているデザインを利用してみましょう。

●操作に迷ったときは…… 左クリック 11ページ

色を変更しよう

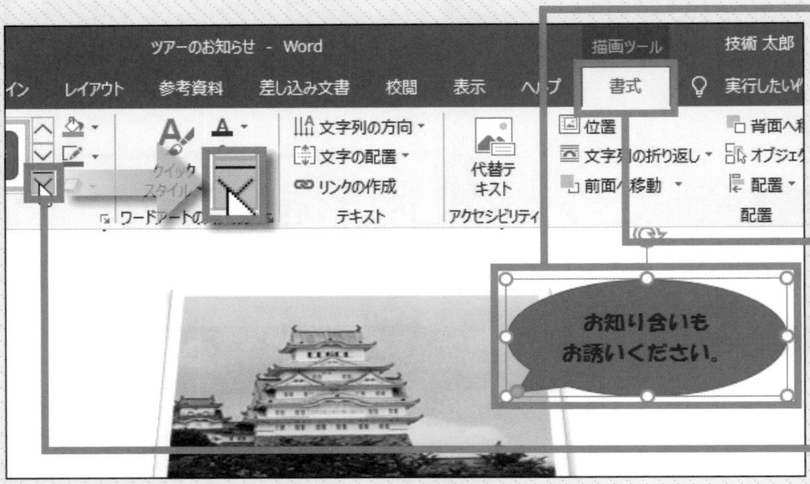

1 図形を選択します

2 書式 を左クリックします

3 ここを左クリックします

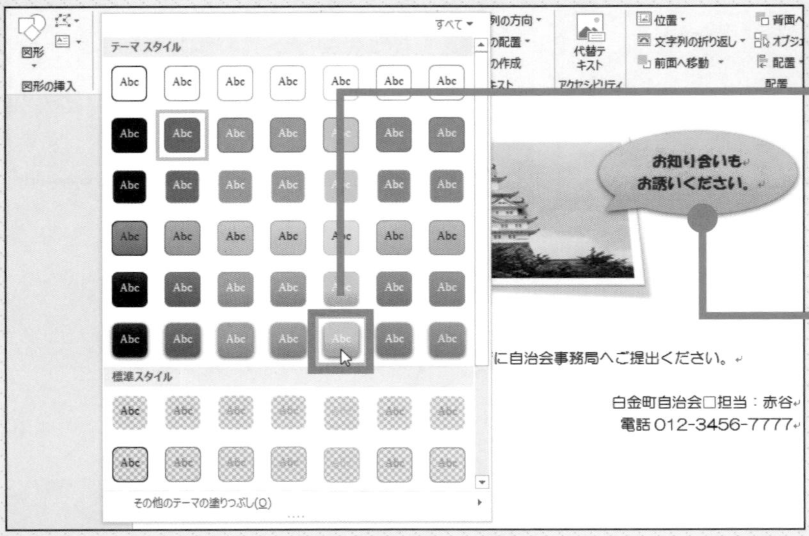

4 デザインを左クリックします

5 指定した色になりました

おわり

Column 図形の色や影を個別に設定する

色や図形の枠線、影などの効果は、個別に設定することができます。図形を選択して、書式タブで行います。

■色を変更する

の ▾ を左クリックして、色を左クリックします。

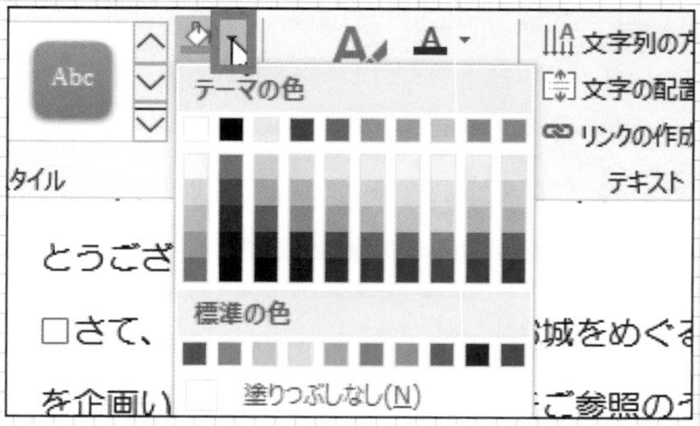

■枠線をなしにする

の ▾ を左クリックして、枠線なし(N) を左クリックします。

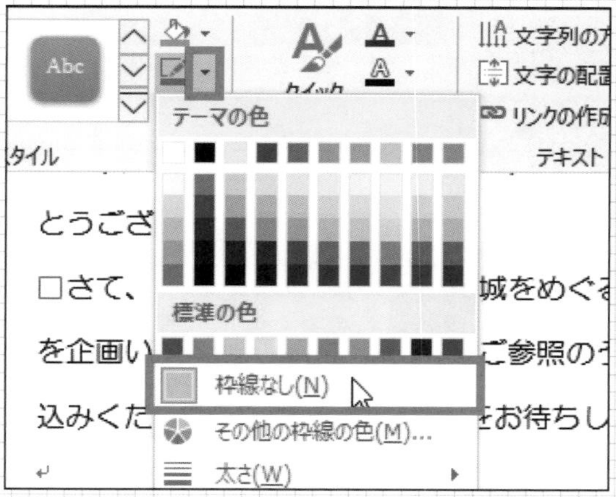

■影を付ける

を左クリックして、影(S) を左クリックし、影を左クリックします。

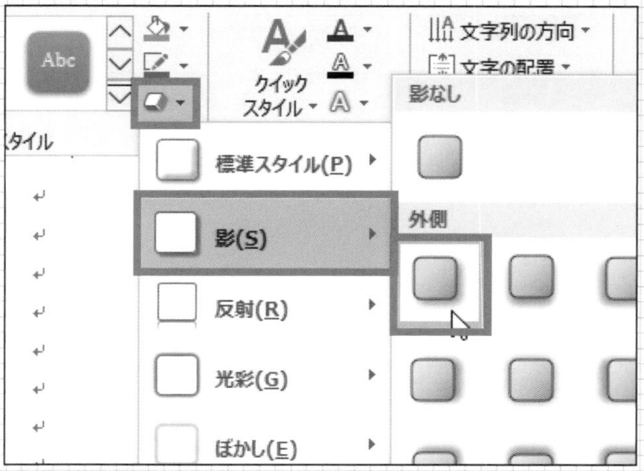

Section 49 表を入れよう

一覧などは、表を使うと見やすくなります。ワードでは、表のマス目を指定するだけで表が挿入できます。

●操作に迷ったときは…… 左クリック 11ページ ドラッグ 12ページ 入力 40ページ

表を作成しよう

1 この行にカーソルを移動します

! この位置のフォントはHG丸ゴシックM-PRO、フォントサイズは12ptになっています

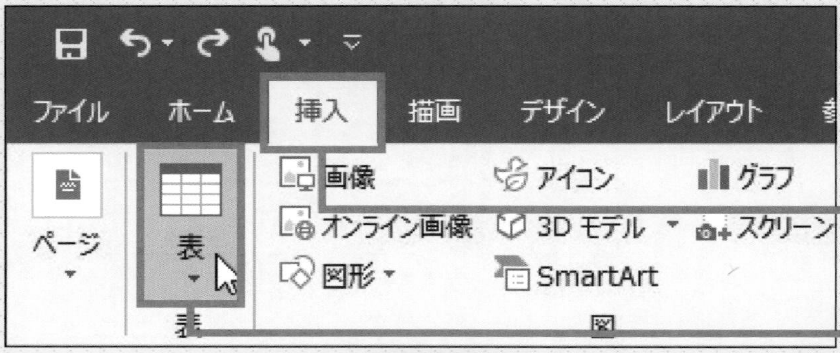

2 挿入 を左クリックします

3 表 を左クリックします

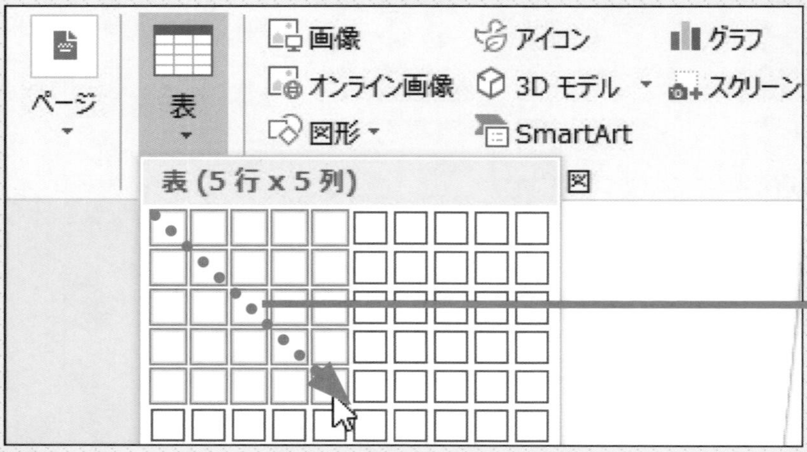

4 表 (5 行 x 5 列) になるようにドラッグします

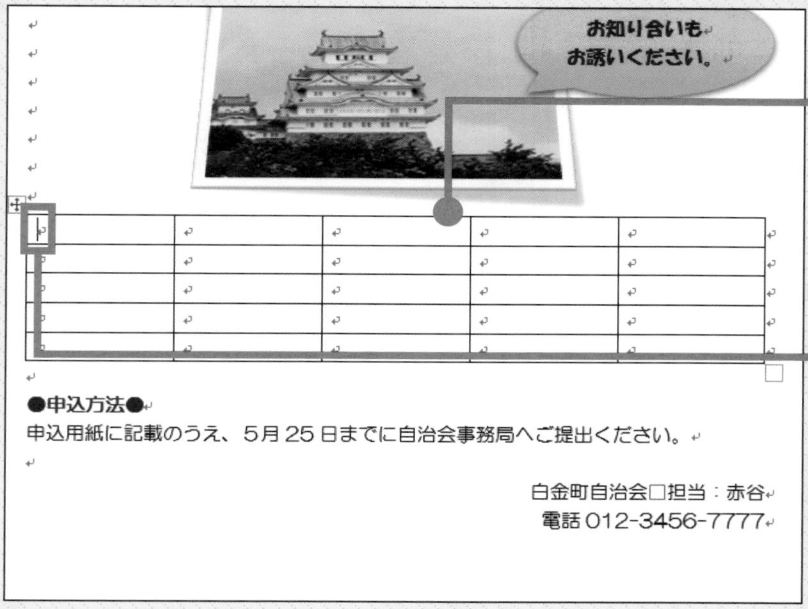
お知り合いも
お誘いください。
●申込方法●
申込用紙に記載のうえ、5月25日までに自治会事務局へご提出ください。
白金町自治会□担当：赤谷
電話 012-3456-7777

5 表が挿入されました

6 左上のセルにカーソルが挿入されます

! 表の1つ1つのマス目を「セル」といいます

表に文字を入力しよう

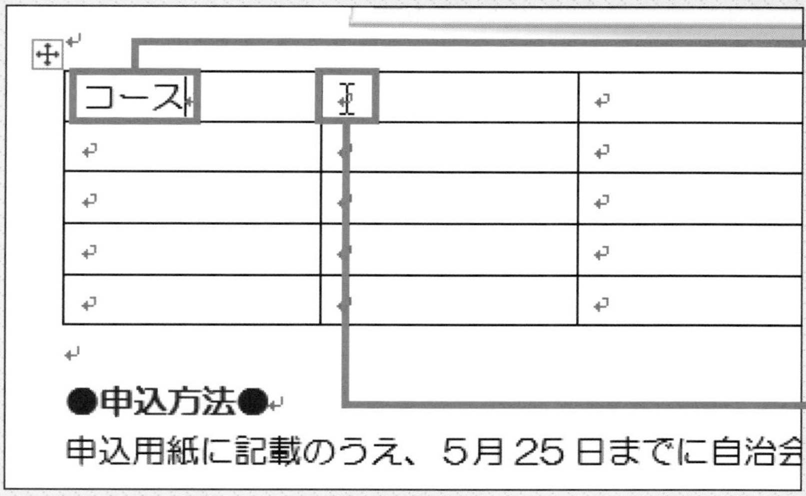
コース
●申込方法●
申込用紙に記載のうえ、5月25日までに自治会

1 文字を入力します

! 表を挿入した位置のフォントを引き継ぎます

2 このセルを左クリックします

コース
●申込方法●
申込用紙に記載のうえ、5月25日までに自治会

3 隣のセルにカーソルが移動します

! Tabキーや→キーを押しても、右（次）のセルへ移動できます

次へ

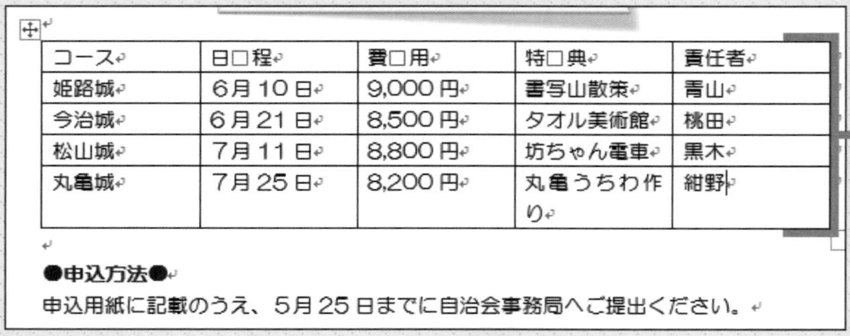

4 すべての文字を入力します

! タイトル行の単語は2文字の間をあけます

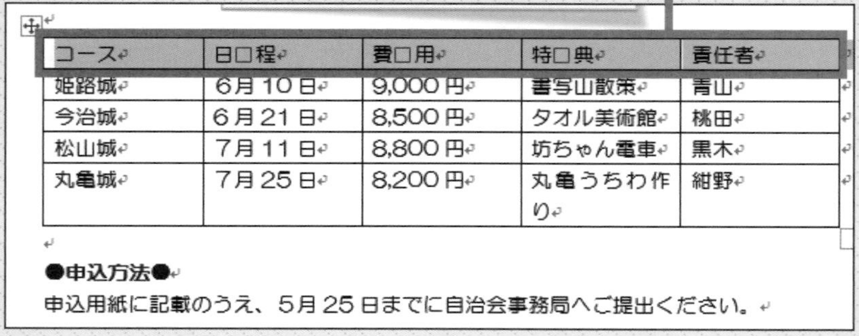

5 ドラッグしてタイトル行を選択します

6 表ツール の レイアウト を左クリックします

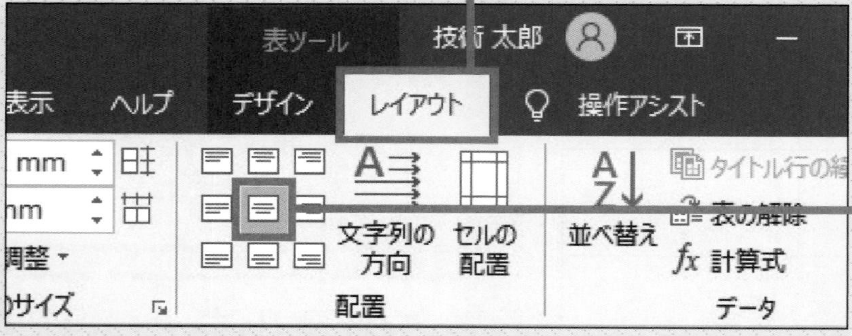

7 中央揃え を左クリックします

! 文字位置が左上なので、中央に配置し直しています

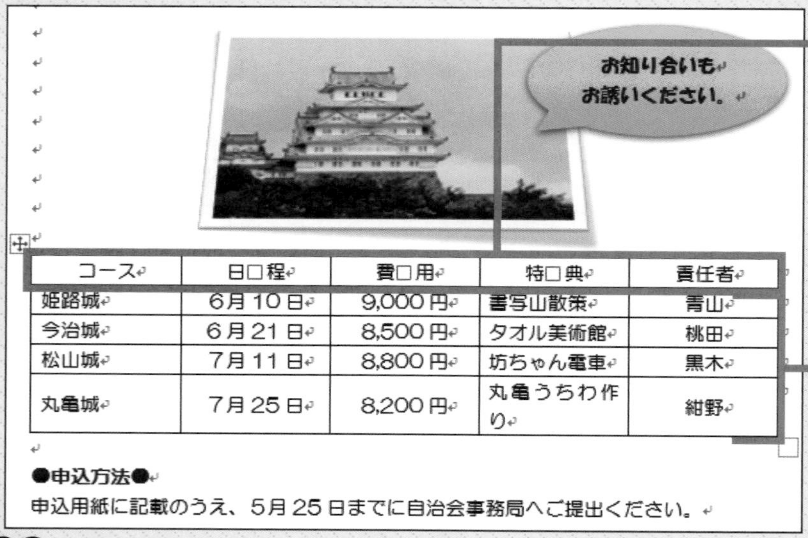

8 中央に揃いました

9 ほかの列も位置を調整します

! 「コース」と「特典」の列は▤、それ以外の列は▤にします

列幅を調整しよう

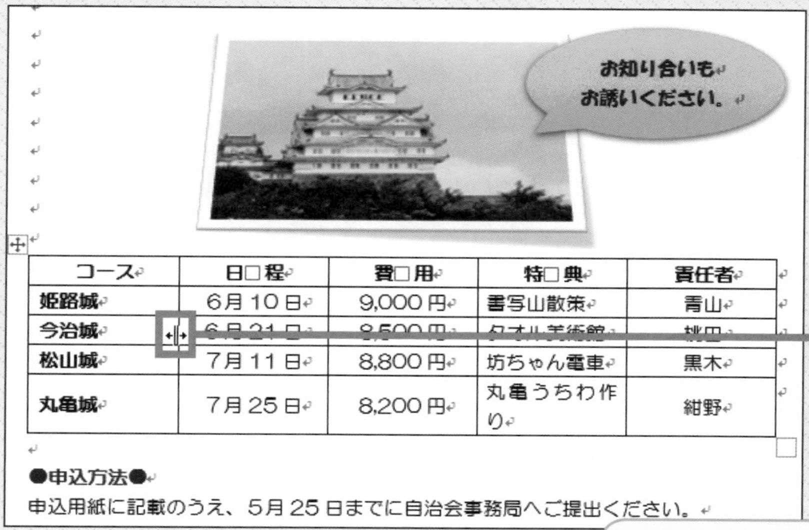

コース	日□程	費□用	特□典	責任者
姫路城	6月10日	9,000円	書写山散策	青山
今治城	6月21日	8,500円	タオル美術館	桃田
松山城	7月11日	8,800円	坊ちゃん電車	黒木
丸亀城	7月25日	8,200円	丸亀うちわ作り	紺野

●申込方法●
申込用紙に記載のうえ、5月25日までに自治会事務局へご提出ください。

1 列幅を変更する罫線の上にポインターを移動して⟺になったらドラッグします

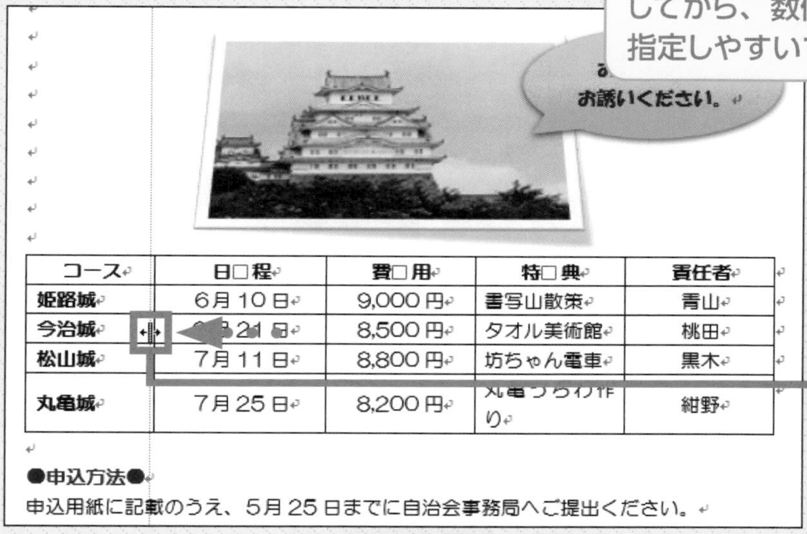

コース	日□程	費□用	特□典	責任者
姫路城	6月10日	9,000円	書写山散策	青山
今治城	6月21日	8,500円	タオル美術館	桃田
松山城	7月11日	8,800円	坊ちゃん電車	黒木
丸亀城	7月25日	8,200円	丸亀うちわ作り	紺野

●申込方法●
申込用紙に記載のうえ、5月25日までに自治会事務局へご提出ください。

ドラッグでおおよその幅にしてから、数値を入力すると指定しやすいです

2 適切な幅になったらマウスボタンを離します

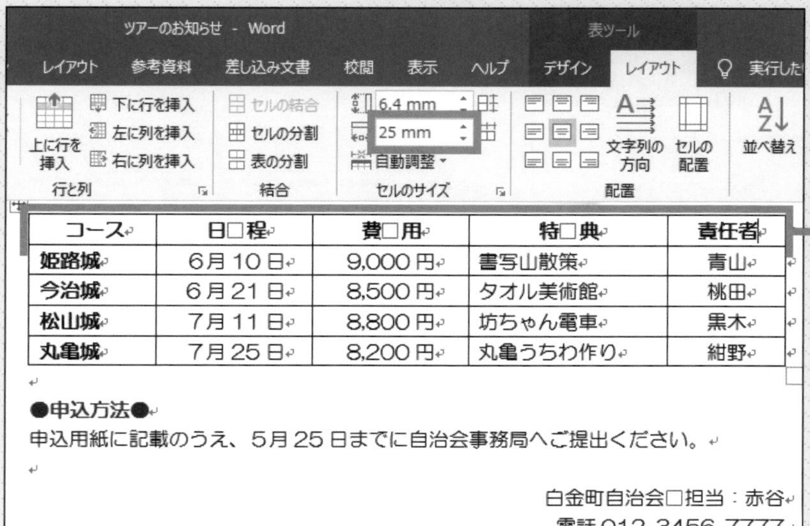

コース	日□程	費□用	特□典	責任者
姫路城	6月10日	9,000円	書写山散策	青山
今治城	6月21日	8,500円	タオル美術館	桃田
松山城	7月11日	8,800円	坊ちゃん電車	黒木
丸亀城	7月25日	8,200円	丸亀うちわ作り	紺野

●申込方法●
申込用紙に記載のうえ、5月25日までに自治会事務局へご提出ください。

白金町自治会□担当：赤谷
電話 012-3456-7777

3 ほかの列も調整します

! <レイアウト>タブの<セルのサイズ>で数値を指定する場合、左から27mm、33mm、33mm、42mm、25mmにしています

おわり

Section 50 表に色を付けよう

表をきれいに見せるために色を付けましょう。タイトルなどを濃い色にすると見やすくなります。用意されているデザインを使うこともできます。

●操作に迷ったときは…… 左クリック 11ページ ドラッグ 12ページ

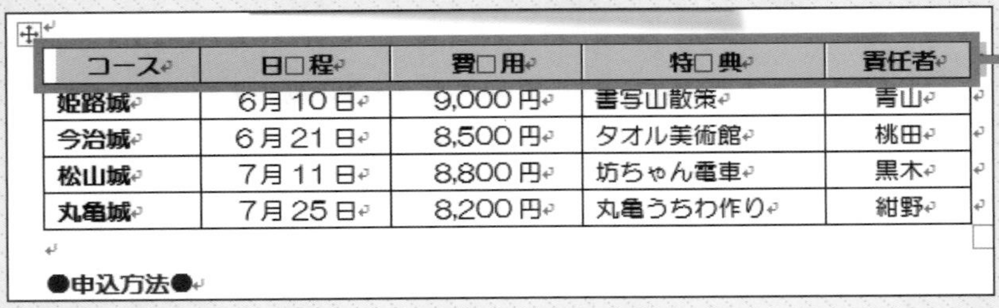

コース	日□程	費□用	特□典	責任者
姫路城	6月10日	9,000円	書写山散策	青山
今治城	6月21日	8,500円	タオル美術館	桃田
松山城	7月11日	8,800円	坊ちゃん電車	黒木
丸亀城	7月25日	8,200円	丸亀うちわ作り	紺野

●申込方法●

1 ドラッグしてタイトル行を選択します

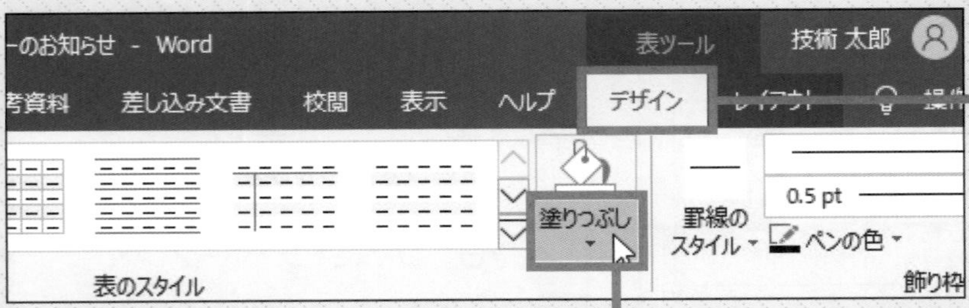

2 表ツール の デザイン を左クリックします

3 塗りつぶし の 塗りつぶし を左クリックします

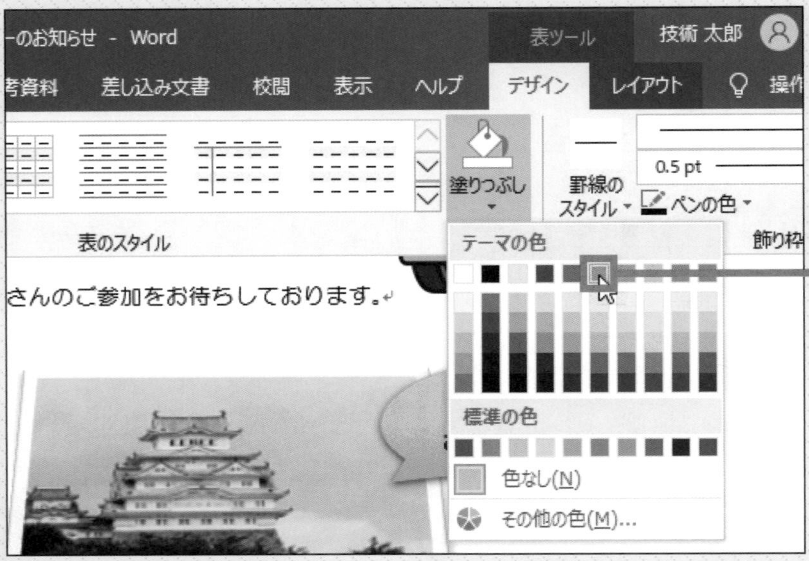

4 色を左クリックします

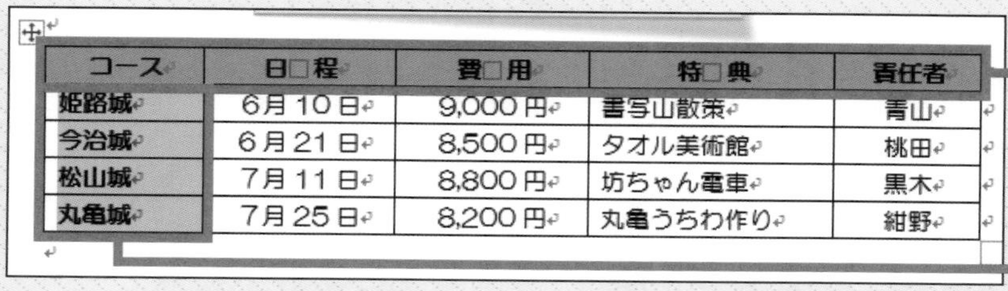

コース	日　程	費　用	特　典	責任者
姫路城	6月10日	9,000円	書写山散策	青山
今治城	6月21日	8,500円	タオル美術館	桃田
松山城	7月11日	8,800円	坊ちゃん電車	黒木
丸亀城	7月25日	8,200円	丸亀うちわ作り	紺野

5 色が付きました

6 見出しの列を選択します

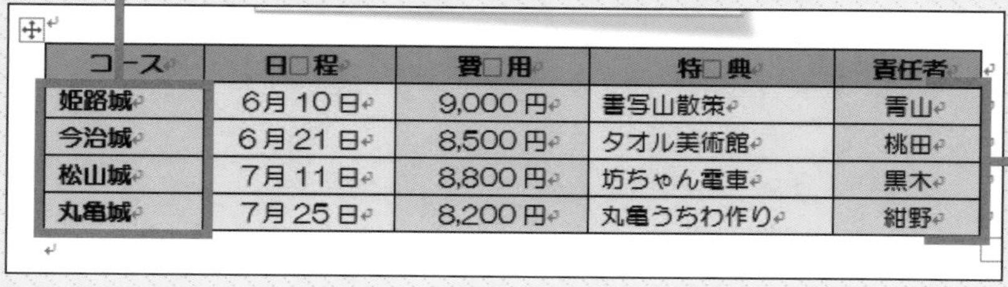

コース	日　程	費　用	特　典	責任者
姫路城	6月10日	9,000円	書写山散策	青山
今治城	6月21日	8,500円	タオル美術館	桃田
松山城	7月11日	8,800円	坊ちゃん電車	黒木
丸亀城	7月25日	8,200円	丸亀うちわ作り	紺野

7 色を付けます

8 ほかも同様に色を付けます

おわり

解説　表のスタイルを利用する

表ツール の デザイン タブの＜表のスタイル＞の右にある ⌵ を左クリックして、表示される一覧からスタイルを選ぶと、一括で表全体に色を付けることができます

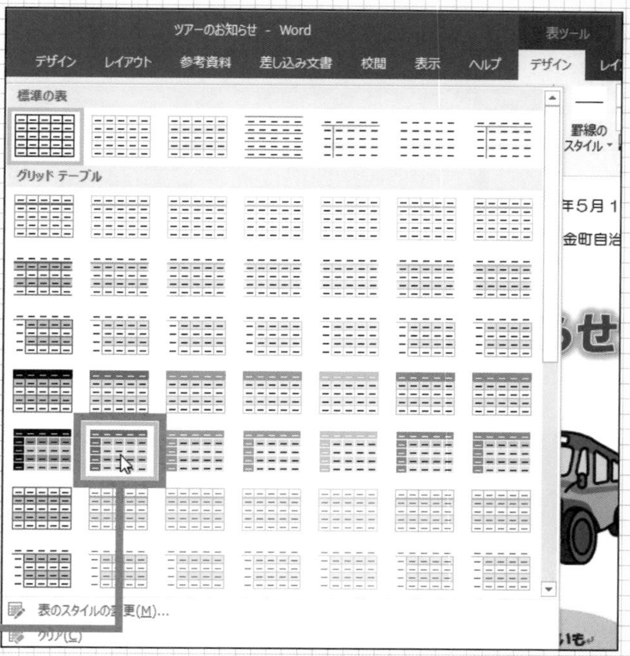

1 スタイルを選びます

コース	日　程	費　用	特　典	責任者
姫路城	6月10日	9,000円	書写山散策	青山
今治城	6月21日	8,500円	タオル美術館	桃田
松山城	7月11日	8,800円	坊ちゃん電車	黒木
丸亀城	7月25日	8,200円	丸亀うちわ作り	紺野

2 表全体に色が付きます

Section 51 文書全体に枠を付けよう

文書のデザインとして、ページ全体を囲むように線を引く「ページ罫線」機能があります。色の付いた二重線や波線で囲むと印象が変わります。

●操作に迷ったときは……　左クリック 11ページ　ドラッグ 12ページ

1 カーソル を文書内に移動します

2 デザイン を左クリックします

3 ページ罫線 を左クリックします

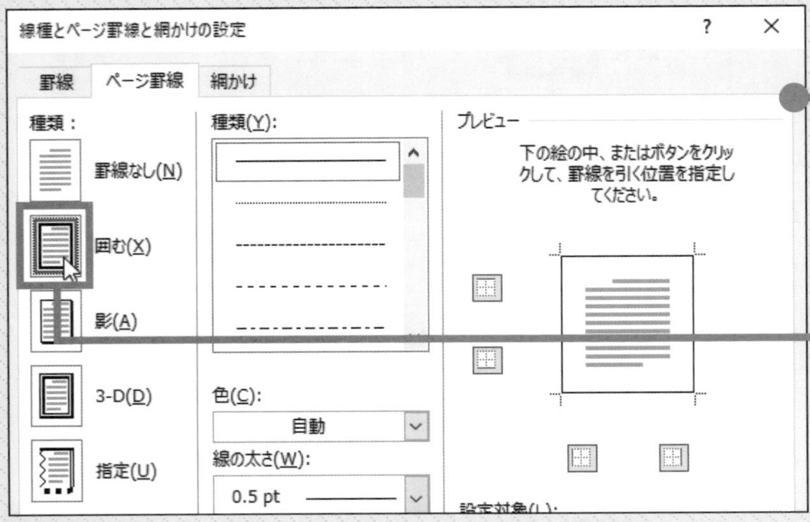

4 新しいウィンドウが表示されました

5 囲む を左クリックします

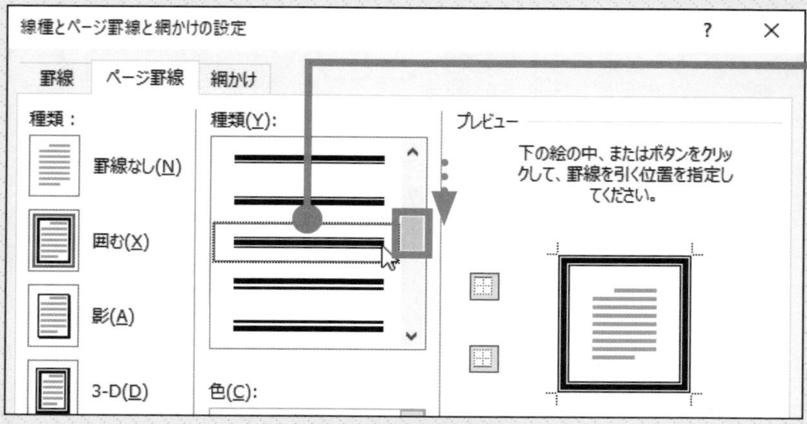

6 ドラッグして種類を選択し左クリックします

点線や波線も用意されています

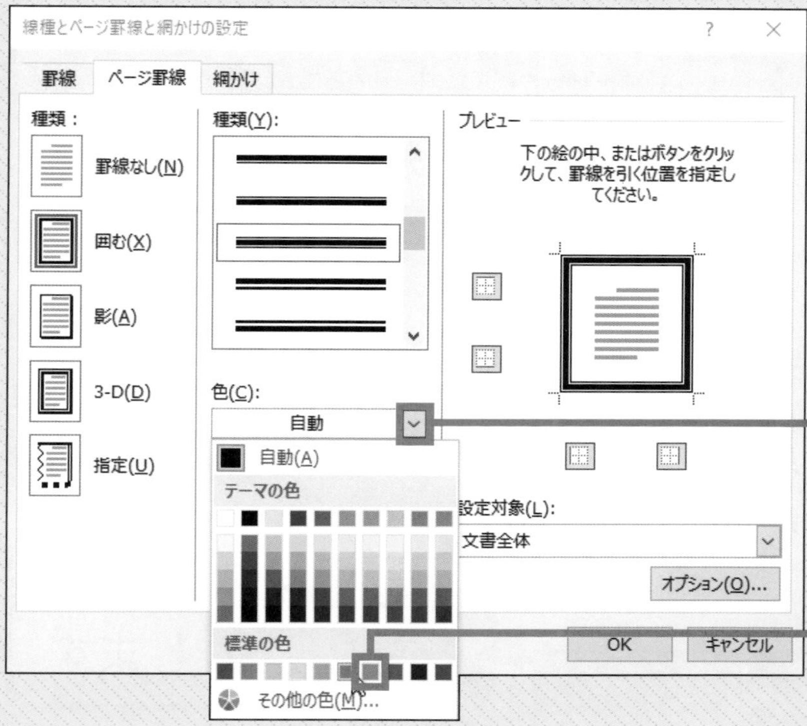

7 ここを左クリックします

8 色を左クリックします

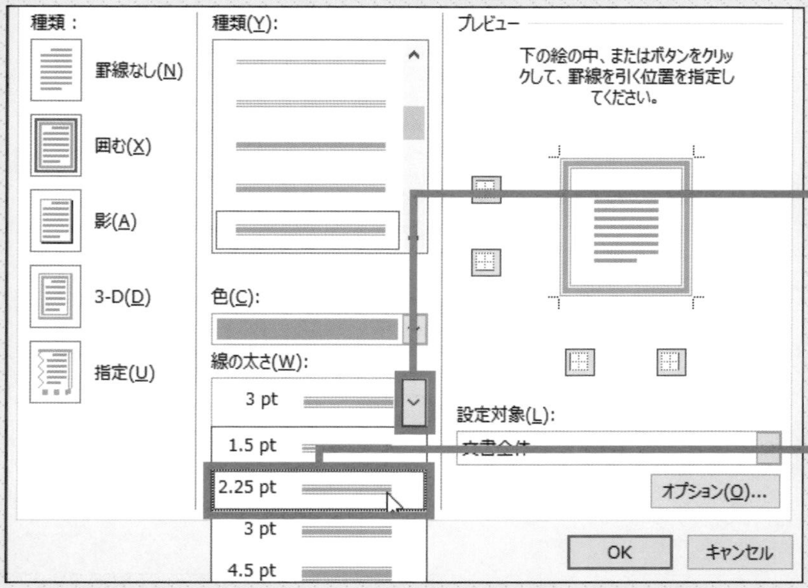

9 ここを左クリックします

10 線の太さを左クリックします

次へ

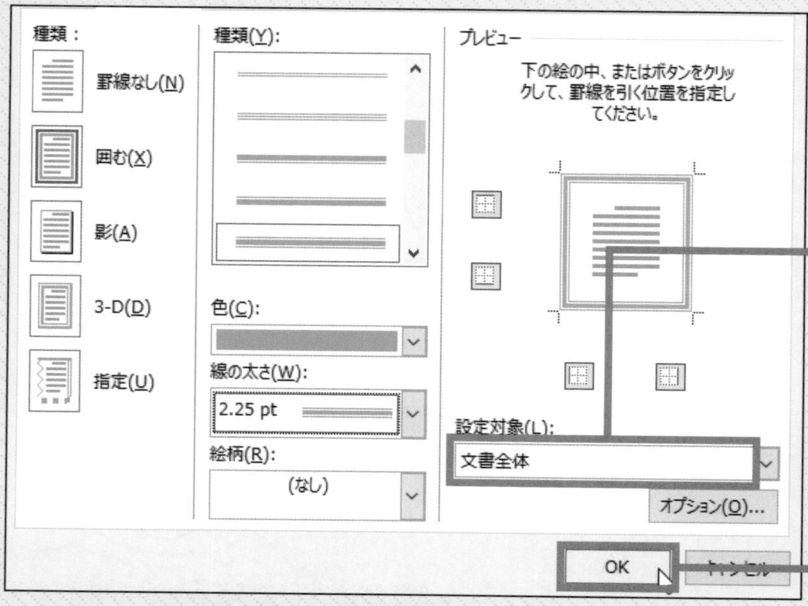

11 ここが 文書全体 となっていることを確認します

! 1ページ目だけに設定したい場合は、次ページの「解説」を参照してください

12 OK を左クリックします

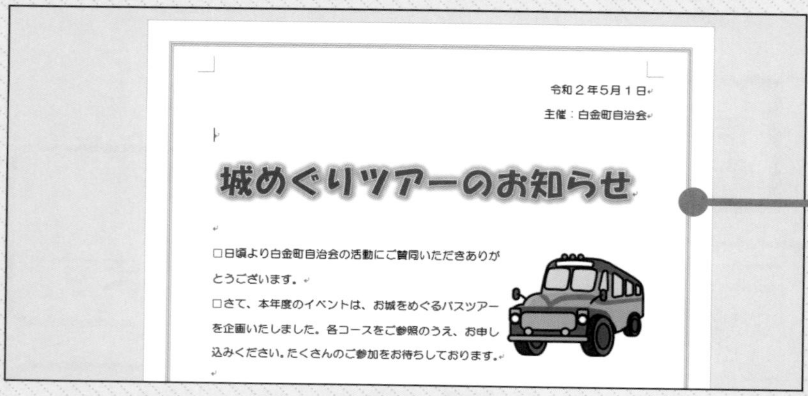

13 ページ罫線で囲まれました

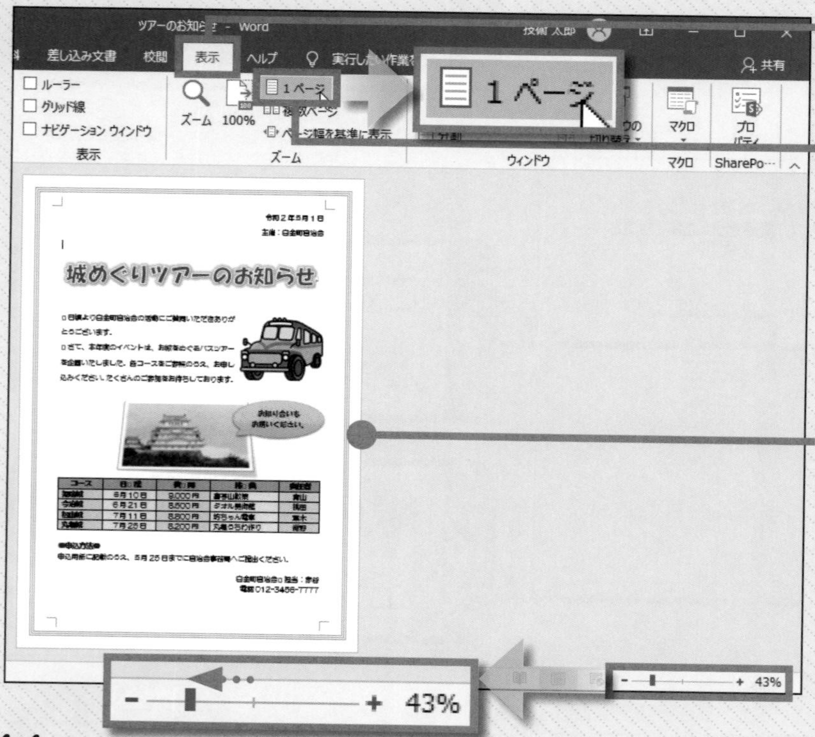

14 表示 を左クリックします

15 1ページ を左クリックします

16 全体を確認できました

! 右下の表示倍率の ▌を左へドラッグしても、縮小表示ができます

おわり

解説 ページ罫線を2ページ目以降に設定しない

複数ページの文書の場合、手順11で ボタンを左クリックして、 このセクション - 1 ページ目のみ を左クリックします。

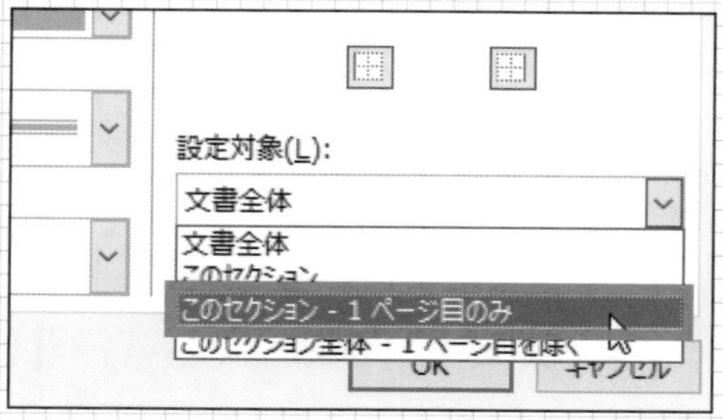

! 複数ページを表示させるには、 表示 タブの 複数ページ を利用します

Column 絵柄でページ全体を囲む

143ページの手順6で線種を選ぶかわりに、＜絵柄＞の を左クリックして絵柄を選択します。絵柄が大きい場合は、＜線の太さ＞を小さくするとよいでしょう。

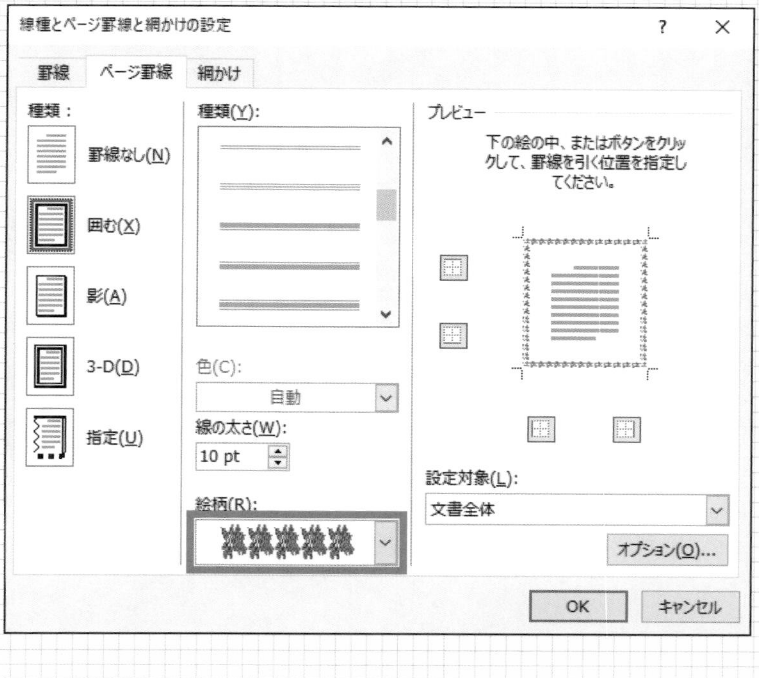

第6章

印刷をしよう

文書が完成したら、さっそく印刷してみましょう。印刷するには、プリンターを設定し、A4用紙のセットをしておきます。また、印刷する前には、必ず印刷プレビューで印刷イメージを確認しておくことが大切です。

6

この章でできるようになること

プリンターを接続して印刷できるようにします！ ▶148ページ

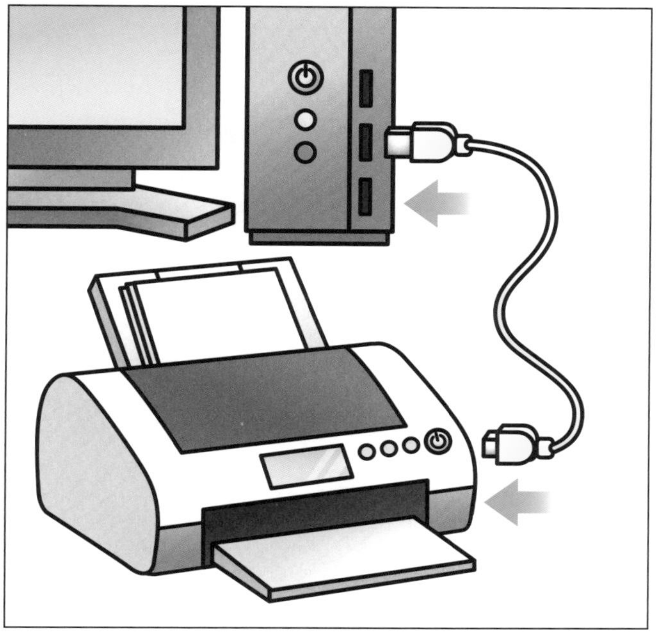

プリンターと用紙を
用意してくださいね！

印刷後の状態を確認してから印刷します！ ▶150～153ページ

印刷後の状態を確認してから印刷するので、
失敗を防ぐことができます

Section 52 印刷に必要なものを準備しよう

文書を印刷するには、プリンターと用紙を用意します。パソコンとプリンターを接続し、プリンターで印刷ができるように準備しましょう。

●操作に迷ったときは……　左クリック 11ページ

印刷に必要なもの

文書を印刷するには、プリンターと印刷に使用する用紙（本書で作成した文書はA4サイズです）が必要です。
パソコンの電源を入れた状態で、プリンターをケーブルで接続し、電源をオンにします。
準備ができたら、印刷するワードの文書を開いておきましょう。

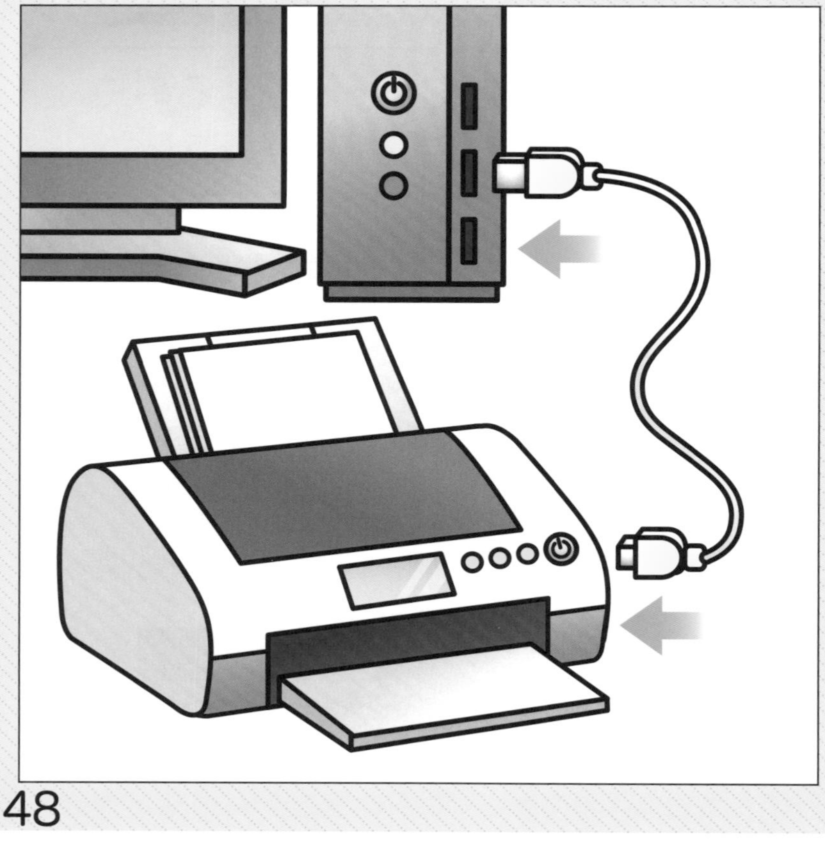

プリンターの電源やケーブルについては、プリンターの取扱説明書を読んでください

プリンターを指定しよう

1 ファイル を
左クリックします

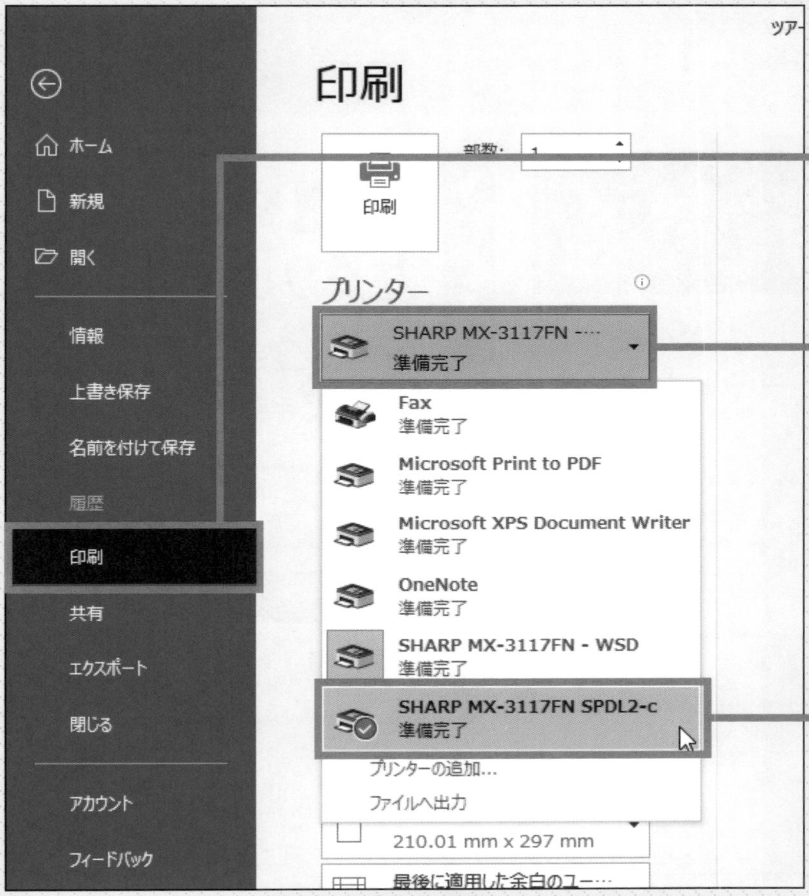

2 印刷 を
左クリックします

3 プリンターを
左クリックします

! 接続しているプリンターによって名称は異なります

4 利用する
プリンターを
左クリックします

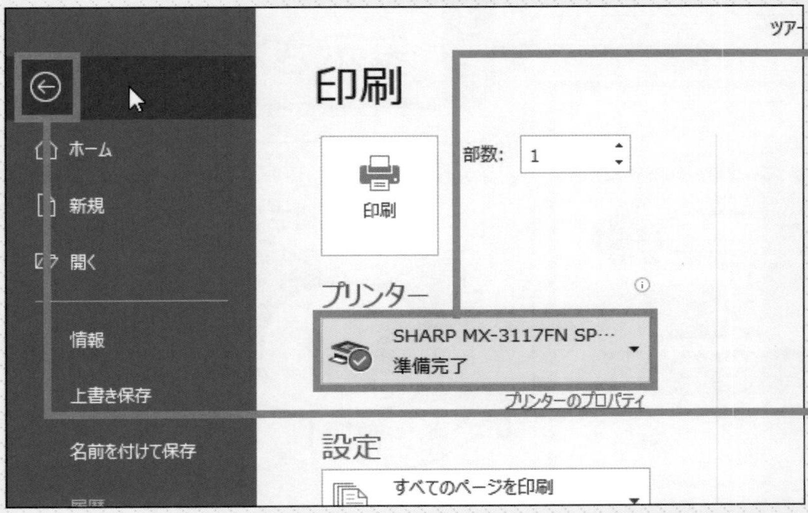

5 プリンターが
指定されました

6 を
左クリックして
文書に戻ります

おわり

Section 53 印刷イメージを確認しよう

印刷する前に必ず印刷のイメージを確認しましょう。＜印刷＞画面の印刷プレビューで確認できます。

●操作に迷ったときは…… 左クリック 11ページ

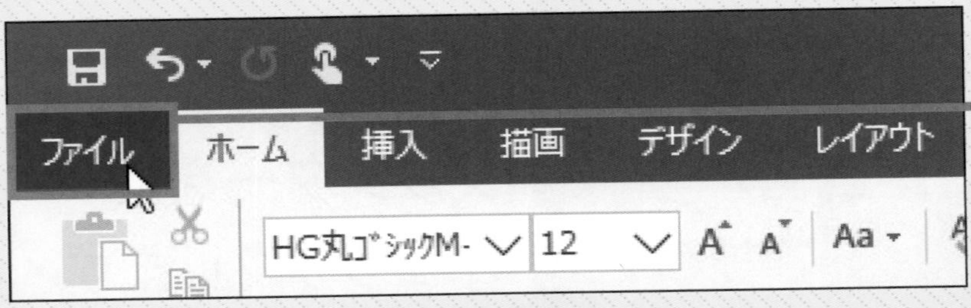

1 ファイル を左クリックします

! 1ページ目にカーソルを置きます

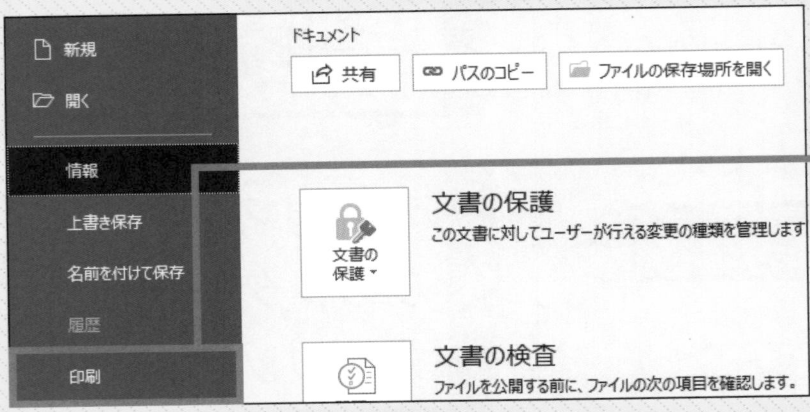

2 印刷 を左クリックします

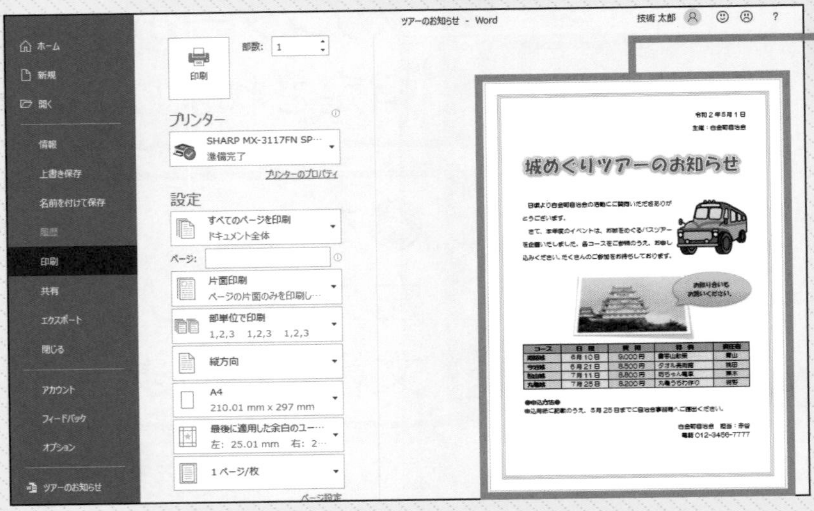

3 印刷プレビューが表示されました

おわり

解説 印刷プレビューの見方

印刷プレビューは、画面右下にあるズームスライダーや＋、−を利用して、表示倍率を変えて見ることができます。を左クリックすると、1ページ全体を表示させることができます。
なお、文書が複数のページの場合は、印刷プレビューの左下の▶（図参照）を左クリックすると、次ページを順に表示することができます。

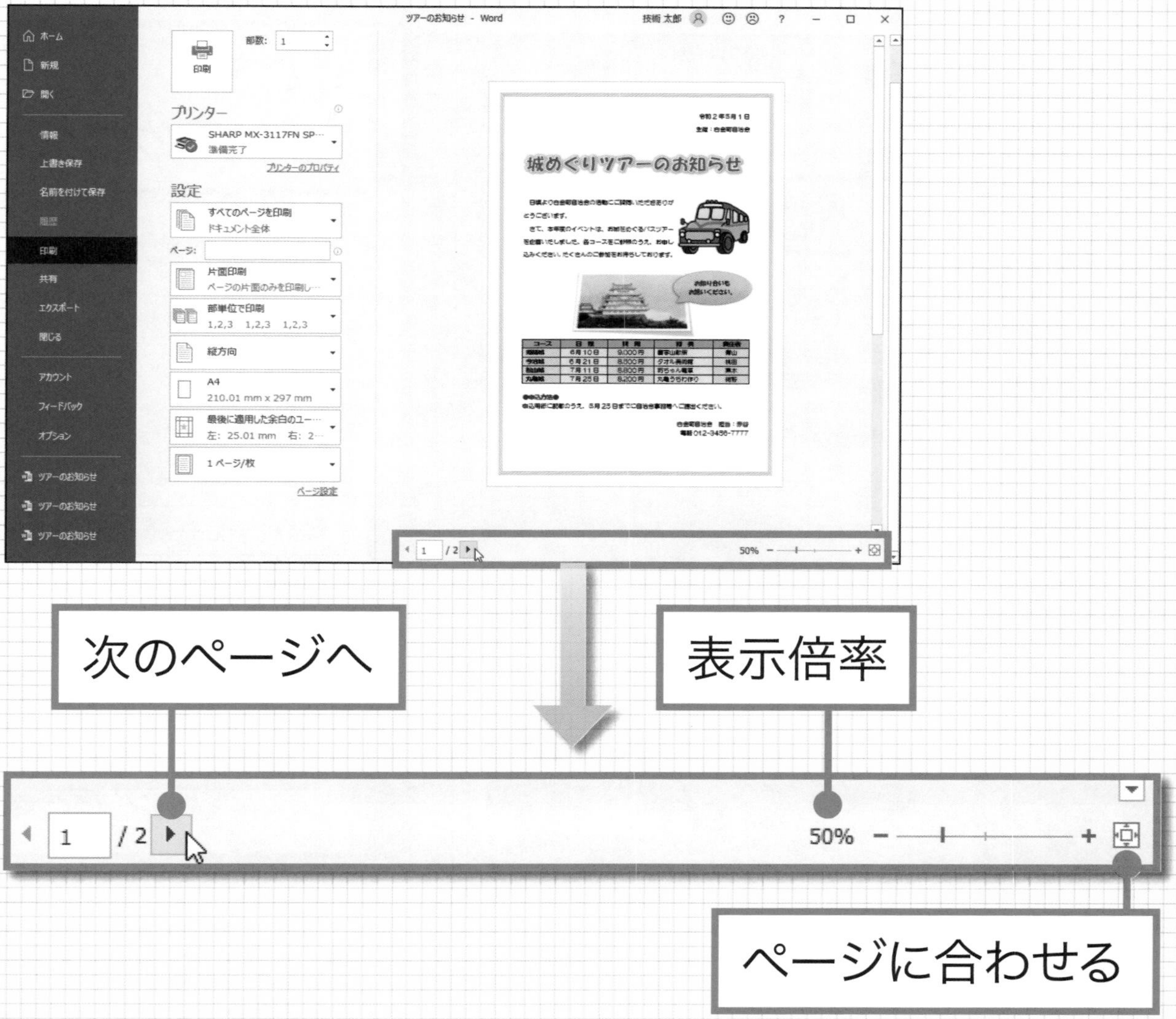

Section 54 印刷しよう

では、いよいよ印刷をしましょう。プリンターや印刷の設定を確認したら、を左クリックするだけです。ここでは、ページを指定して印刷します。

●操作に迷ったときは…… 左クリック 11ページ

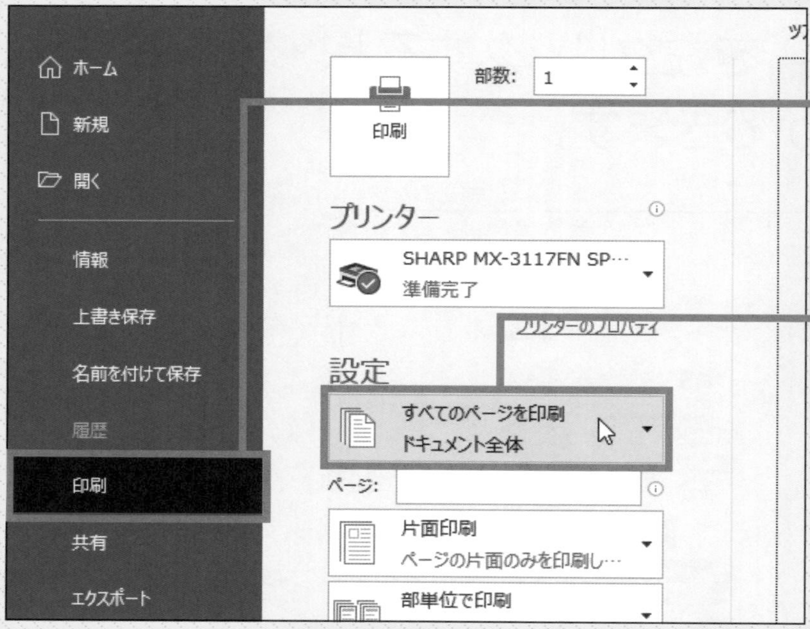

1 印刷 を左クリックします

2 ここを左クリックします

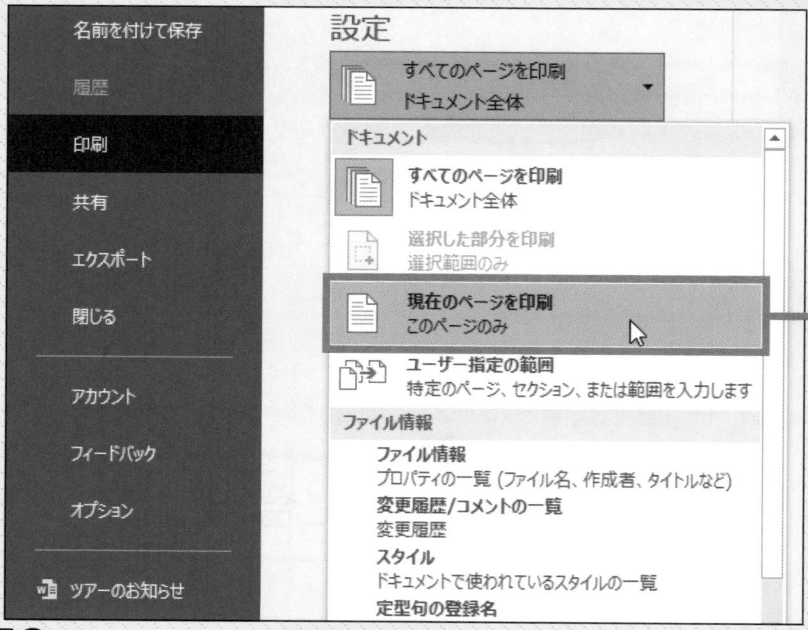

3 現在のページを印刷 を左クリックします

! 1ページのみの文書や全ページを印刷したい場合は、すべてのページを印刷 を左クリックします

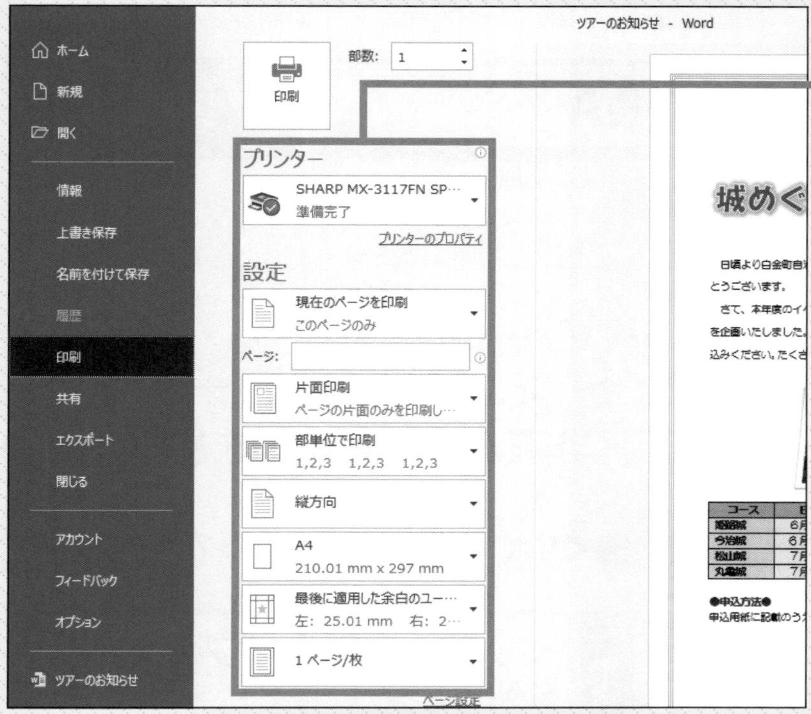

4 設定内容を確認します

印刷する部数など確認しましょう

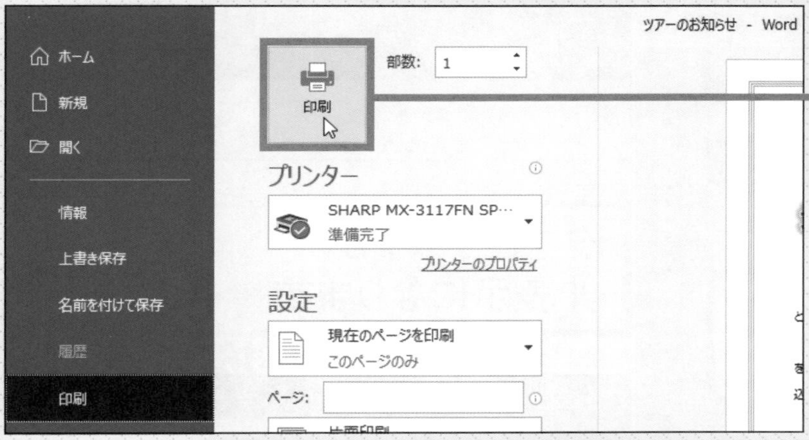

5 印刷 を左クリックします

6 印刷されました

出来上がり!

おわり

知っておきたいワード Q&A　付録

Q リボンが表示されない！

A タブをダブルクリックします。＜リボンの表示オプション＞でリボンやタブの表示／非表示を設定できます。

1 ＜リボンを折りたたむ＞を左クリックします

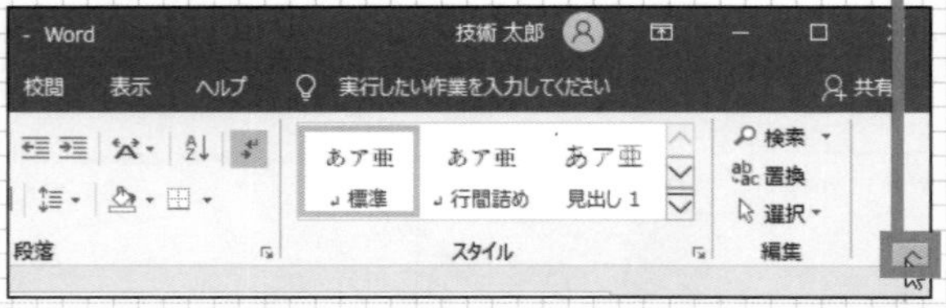

2 リボンが表示されなくなります

●タブを利用して表示する

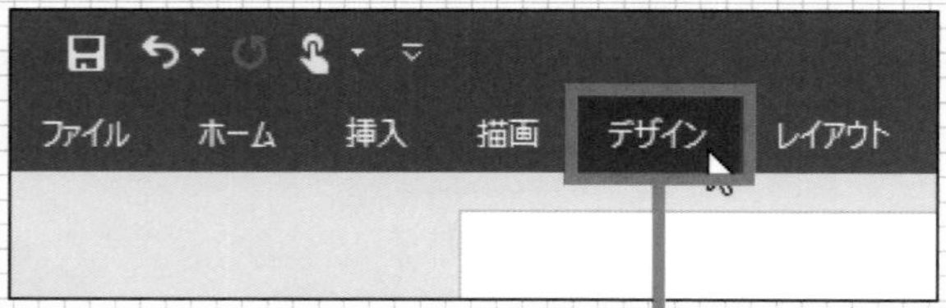

1 任意のタブをダブルクリックします

! タブをクリックしても一時的にリボンを表示できます

●＜リボンの表示オプション＞で設定する

1 ＜リボンの表示オプション＞を左クリックします

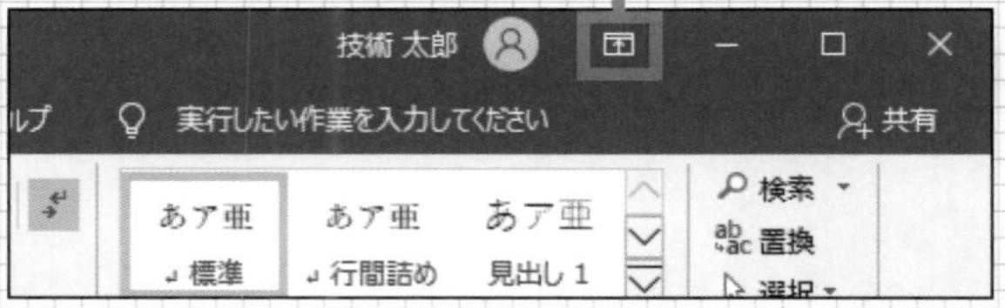

タブとリボンが非表示になります

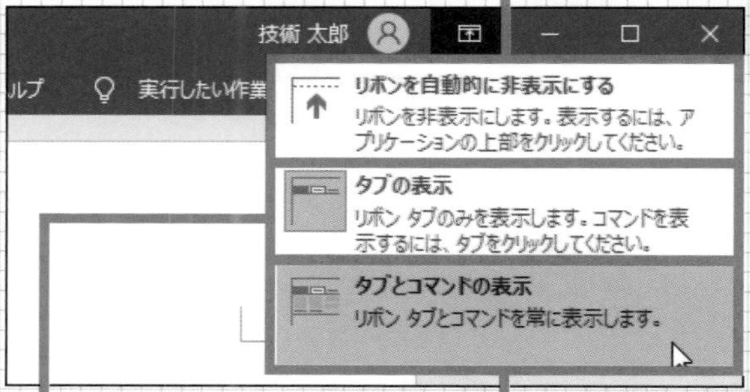

2 ＜タブとコマンドの表示＞を左クリックすると表示されます

タブのみが表示されます

Q アルファベットが勝手に大文字になってしまう!

A オートコレクト機能によって自動的に変換されるように設定されています。この設定をオフにしましょう。

●設定を変更する

1 ファイル を左クリックします

2 オプション を左クリックします

3 文章校正 を左クリックします

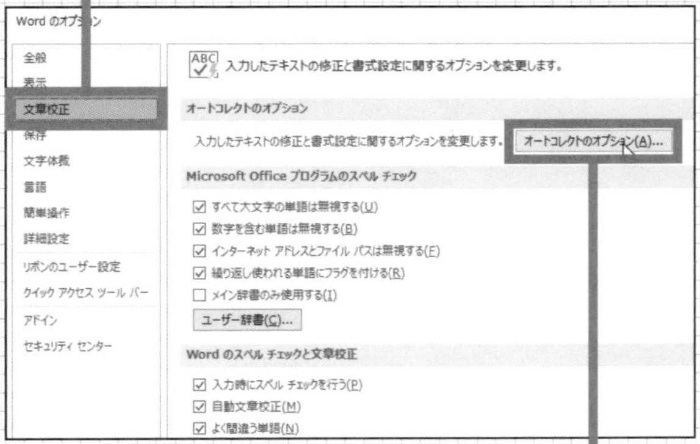

4 オートコレクトのオプション(A)... を左クリックします

5 オートコレクト を左クリックします

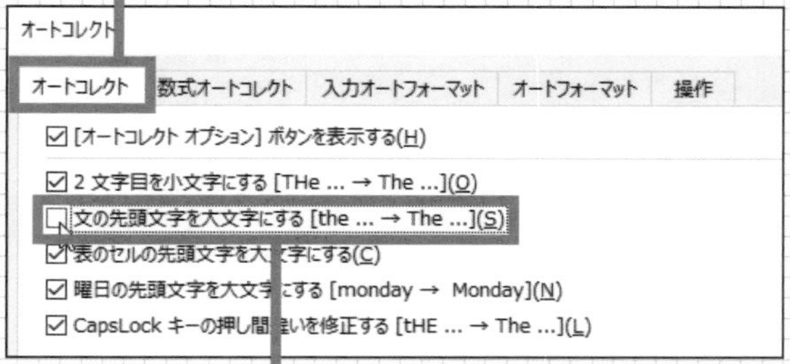

6 ここを左クリックしてオフにします

●入力中に変更する

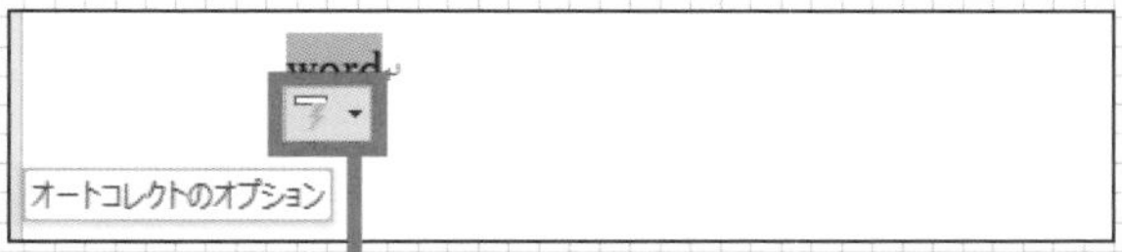

1 大文字にI《ポインター》を近づけて《オートコレクションのオプション》に変わったら左クリックします

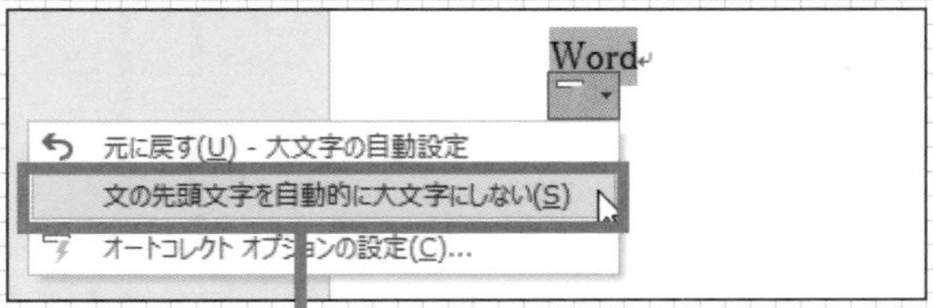

2 文の先頭文字を自動的に大文字にしない(S) を左クリックします

Q 縦書きの文書を作るにはどうすればいいの?

A ＜ページ設定＞画面で＜縦書き＞にします。数字は、全角で入力しましょう。

1 レイアウト を左クリックします

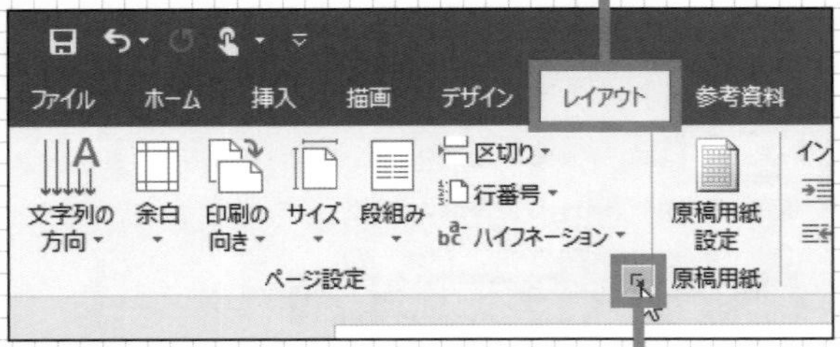

2 ここを左クリックします

3 文字数と行数 を左クリックします

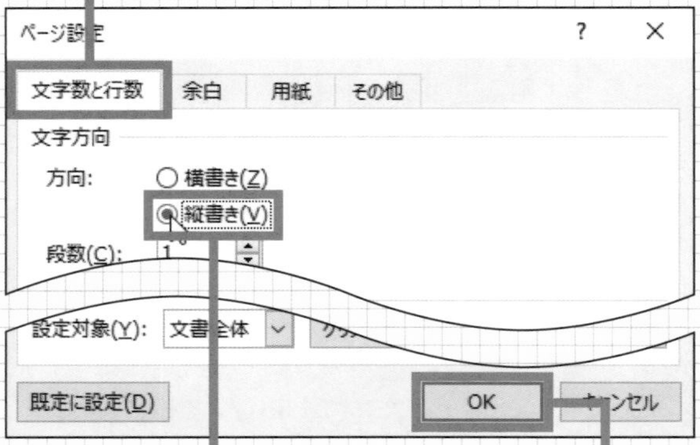

4 ○ 縦書き(V) を左クリックしてオンにします

5 OK を左クリックします

●リボンでかんたんに設定する

1 レイアウト を左クリックします

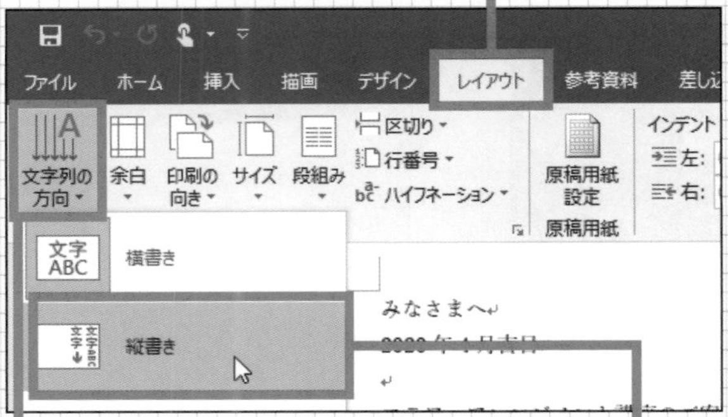

2 文字列の方向 を左クリックします

3 縦書き を左クリックします

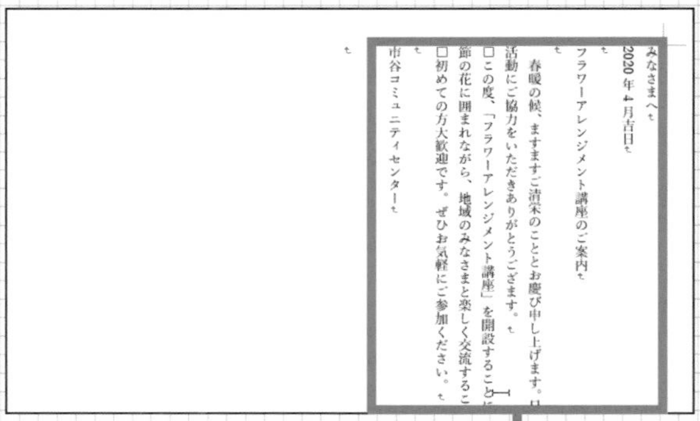

4 縦書きになります

! 用紙が自動的に＜横置き＞になります

Q メールアドレスを入力したら青くなってしまった!

A オートコレクト機能によって自動的にリンクに変換されるように設定されています。この設定をオフにしましょう。

●入力中に変更する

1 メールアドレス内にカーソルを移動して、右クリックします

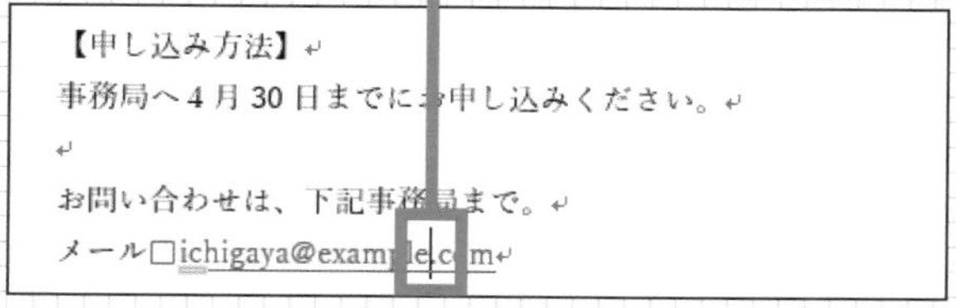

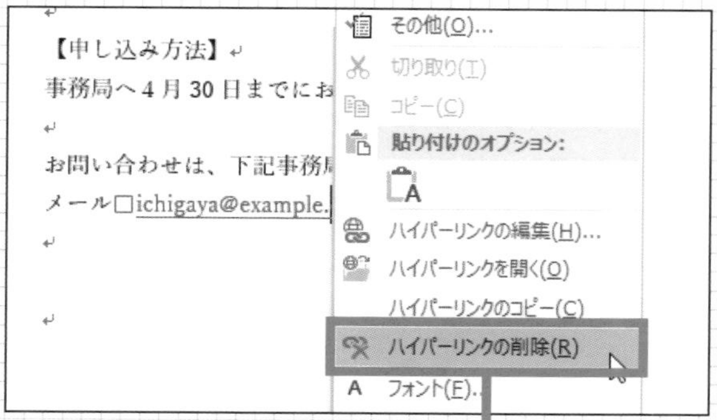

2 ハイパーリンクの削除(R) を左クリックします

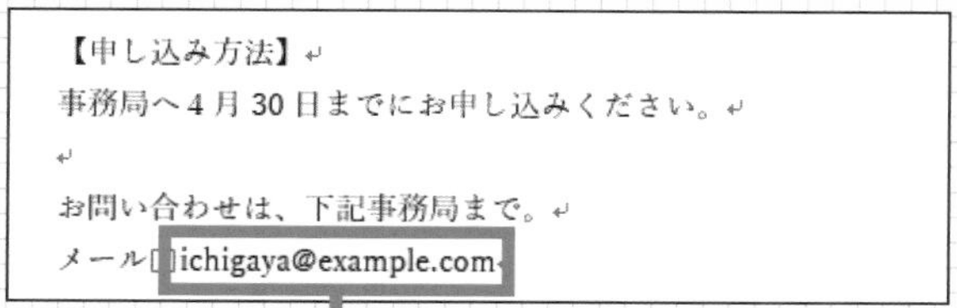

3 通常の文字に変わりました

●設定を変更する

1 155ページの左段の手順を操作して、<オートコレクト>画面を表示します

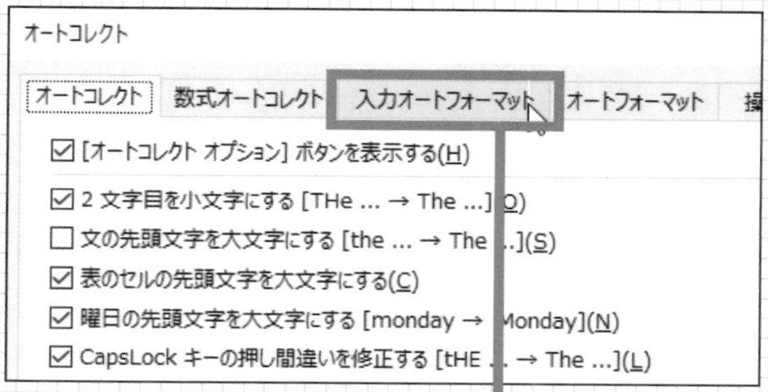

2 入力オートフォーマット を左クリックします

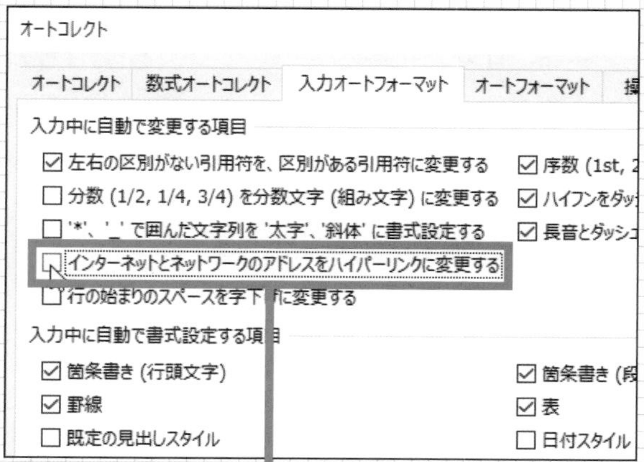

3 ここを左クリックしてオフにします

INDEX 索引

お問い合わせについて

本書に関するご質問については、本書に記載されている内容に関するもののみとさせていただきます。本書の内容と関係のないご質問につきましては、一切お答えできませんので、あらかじめご了承ください。また、電話でのご質問は受け付けておりませんので、必ずFAXか書面にて下記までお送りください。
なお、ご質問の際には、必ず以下の項目を明記していただきますようお願いいたします。

1 お名前
2 返信先の住所またはFAX番号
3 書名
(大きな字でわかりやすい　ワード2019入門)
4 本書の該当ページ
5 ご使用のOSとソフトウェアのバージョン
6 ご質問内容

お送りいただいたご質問には、できる限り迅速にお答えできるよう努力いたしておりますが、場合によってはお答えするまでに時間がかかることがあります。また、回答の期日をご指定なさっても、ご希望にお応えできるとは限りません。あらかじめご了承くださいますよう、お願いいたします。
ご質問の際に記載いただいた個人情報はご質問の返答以外の目的には使用いたしません。また、返答後はすみやかに破棄させていただきます。

■お問い合わせの例

FAX

1 **お名前**
技術　太郎

2 **返信先の住所またはFAX番号**
03-XXXX-XXXX

3 **書名**
大きな字でわかりやすい
ワード2019入門

4 **本書の該当ページ**
111ページ

5 **ご使用のOSとソフトウェアのバージョン**
Windows 10 Pro
Word 2019

6 **ご質問内容**
イラストが挿入されない

大《おお》きな字《じ》でわかりやすい
ワード2019入門《にゅうもん》

2020年2月22日　初版　第1刷発行

著　者●AYURA《アユラ》
発行者●片岡 巌
発行所●株式会社 技術評論社
東京都新宿区市谷左内町21-13
電話　03-3513-6150　販売促進部
03-3513-6160　書籍編集部
カバーデザイン●山口 秀昭(Studio Flavor)
カバーイラスト・本文デザイン●イラスト工房(株式会社アット)
編集／DTP●AYURA
担当●伊藤 鮎
製本／印刷●大日本印刷株式会社

定価はカバーに表示してあります。

ISBN978-4-297-11139-7 C3055
Printed in Japan

問い合わせ先

〒162-0846
東京都新宿区市谷左内町21-13
株式会社技術評論社　書籍編集部
「大きな字でわかりやすい　ワード2019入門」質問係
FAX番号　03-3513-6167

URL：https://book.gihyo.jp/116